D1729727

Volkmar Weiss

DAS IQ-GEN – VERLEUGNET SEIT 2015

DAS IQ GEN

– verleugnet seit 2015

Eine bahnbrechende Entdeckung und ihre Feinde

Volkmar Weiss

ARES VERLAG

Umschlaggestaltung: DSR – Werbeagentur Rypka, A-8143 Dobl, www.rypka.at
Umschlagabb. Vorderseite: © Alex, Fotolia.de

Wir haben uns bemüht, bei den hier verwendeten Bildern die Rechteinhaber ausfindig zu machen. Falls es dessenungeachtet Bildrechte geben sollte, die wir nicht recherchieren konnten, bitten wir um Nachricht an den Verlag. Berechtigte Ansprüche werden im Rahmen der üblichen Vereinbarungen abgegolten.

Bibliographische Information der Deutschen Nationalbibliothek
Die Deutsche Nationalbibliothek verzeichnet diese Publikation in der Deutschen Nationalbibliographie; detaillierte bibliographische Daten sind im Internet unter http://dnb.d-nb.de abrufbar.

Hinweis: Dieses Buch wurde auf chlorfrei gebleichtem Papier gedruckt. Die zum Schutz vor Verschmutzung verwendete Einschweißfolie ist aus Polyethylen chlor- und schwefelfrei hergestellt. Diese umweltfreundliche Folie verhält sich grundwasserneutral, ist voll recyclingfähig und verbrennt in Müllverbrennungsanlagen völlig ungiftig.

Auf Wunsch senden wir Ihnen gerne kostenlos unser Verlagsverzeichnis zu:

ARES Verlag
Hofgasse 5 / Postfach 189
A-8011 Graz
Tel.: +43 (0)316/82 16 36
Fax.: +43 (0)316/83 56 12
E-Mail: ares-verlag@ares-verlag.com

Weitere Informationen finden Sie im Internet unter:
www.ares-verlag.com

ISBN 978-3-902732-87-3

Layout: Ecotext-Verlag, Mag. Schneeweiß-Arnoldstein, A-1010 Wien
Druck: FINIDR, s. r. o., Český Těšín

Inhalt

VORWORT

2015 sei das Intelligenzgen entdeckt worden? Unmöglich, man hat ja gar nichts darüber gehört! Ja, wie sollte man auch von etwas erfahren, was es gar nicht geben kann, weil es so etwas nicht geben darf? *„Wenn man nachweisen kann, daß Intelligenz ... angeboren ist, dann verliert der Marxismus seine Existenzberechtigung."*[1] Marxistisch gebildete Geleerte halten deshalb unverrückbar daran fest: *„Es gibt keine Gene, die etwas mit den spezifisch allgemeinmenschlichen Eigenschaften zu tun haben"* (Fuchs-Kittowski et al. 2007, 17).

Mit solchen Festlegungen hat sich die bürgerliche Leistungsgesellschaft von ihren Gegnern ein Brett vor den Kopf nageln lassen, wodurch viele Wissenschaftler und selbst fähige Wissenschaftsjournalisten daran gehindert werden, die Bedeutung der 2015 erfolgten Veröffentlichungen des Sikela-Labors (Davis et al. 2015a und 2015b) zu erkennen. Und wenn doch, müßten sie ihre Existenz riskieren und gegen die Überzeugungen einer Geisteslandschaft anschreiben, die die marxistischen Vorurteile gegen die Existenz eines „Intelligenzgens" verinnerlicht hat. Jedoch fällt in dem Kapitel „Die Molekulargenetik der Intelligenzunterschiede", hier S. 24 ff., der Vorhang.

Nach dem Erscheinen des Buches „Die Intelligenz und ihre Feinde: Aufstieg und Niedergang der Industriegesellschaft" (Weiss 2012) gab es Kollegen, die ihren Beifall mit der Anregung würzten, eine kompakte Darstellung des Stoffes hätte eine größere Wirkung. Die Entdeckung der Intelligenz-Metagen-Familie NBPF ist nun Anlaß, die Botschaft über die Entdeckung mit der gewünschten Kurzfassung und ihrer Aktualisierung zu verbinden.

Um den gesetzten Rahmen einzuhalten, werden die Literaturangaben des im Jahre 2012 publizierten Buches hier nicht wiederholt, sondern es wird auf die Langfassung in Fußnoten verwiesen. Manche Zitate wurden verkürzt. Insgesamt hat die Kürze zur Folge, daß manche Abschnitte wie Thesen wirken. Wer Überleitungen und eine ausführliche Abhandlung vermißt oder noch tiefer in die Hintergründe eintauchen möchte, der greife bitte zur Langfassung mit ihren 544 Druckseiten und rund 2000 Literaturbelegen.

Volkmar Weiss
Leipzig im März 2017

---

1 Zitiert nach Sierck 1995, 28 in Weiss 2012, 232

EINLEITUNG

Wenn wir auf die Geschichte vergangener Reiche und Hochkulturen zurückblicken, so fällt uns auf: Lange vor dem äußeren Zusammenbruch setzte ein innerer Verfall ein. Die Wirtschaft stagnierte und die Finanzen des Staates und der Gemeinden gerieten immer stärker in Unordnung; die Zahl der Unterstützungsempfänger stieg von Jahr zu Jahr, obwohl jeder neue Herrscher mit dem Ziel antrat, ihre Zahl und die Staatsverschuldung zu senken. Die Sicherheit der Bürger war gefährdet. Das Auftreten von Mann und Frau hatte sich ebenso verändert wie das Verhältnis von Jung und Alt. Obwohl keiner den Niedergang wollte, steuerten die Staaten mit innerer Folgerichtigkeit auf einen Abgrund zu, so als wäre es ihr eigentliches Ziel, in den Abgrund zu stürzen.[2]

Auch innerhalb Chinas haben sich in den letzten dreitausend Jahren mehrfach Aufstieg und Niedergang abgespielt: Bildung eines mächtigen Zentralstaates und dessen Zerfall. Die chinesischen Historiker sprechen vom dynastischen Zyklus: Ein fähiger Herrscher erhält von der Vorsehung einen Auftrag und gründet eine machtvolle Dynastie. Das Reich wird geeint und seine Grenzen gesichert, Straßen werden gebaut, das Bewässerungssystem wird instandgesetzt, das Leben wird für alle besser und die Bevölkerungszahl steigt. Obwohl in späteren Generationen die anwachsende Bürokratie die Steuern ständig erhöht, verringern sich die öffentlichen Leistungen, der Niedergang setzt ein. Unter chaotischen Begleitumständen, unter denen sich die Bevölkerungszahl wieder drastisch verringert, wird die Dynastie gestürzt, und der Kreis, dessen Durchlauf mehrere Jahrhunderte gebraucht haben kann, schließt sich.

Die Struktur eines Gemeinwesens hängt von seinen energetischen Grundlagen ab: den naturgegebenen Voraussetzungen und den inneren Werten, insbesondere der Intelligenz, der Denkkraft und Bildung seiner Bewohner, von seinem Humankapital. Die Geschichte der griechischen Stadtstaaten verschaffte Aristoteles die Einsicht, die Regierungsform eines Staates wäre von seiner Größe und der relativen Verteilung von Arm und Reich abhängig, also von dem, was wir heute als Bevölkerungszahl, Bevölkerungsdichte und Sozialstruktur be-

---

2 Nach Knaul 1985 in Weiss 2012, 13

zeichnen. Zwischen der Größe einer Gemeinschaft und den relativen Anteilen an verschiedenen Berufen und sozialen Rollen sowie der relativen Größe seiner Elite besteht eine gesetzmäßige Beziehung. Zahl, Dichte und Struktur der Bewohner eines Gemeinwesens bleiben in der Geschichte niemals gleich, sondern verändern sich in Abhängigkeit von den energetischen Grundlagen und vom Druck und Gegendruck seiner Nachbarn ständig, absolut und relativ. Parallel dazu verändert sich die Verfassung der Staaten von einer Monarchie über die Aristokratie oder Oligarchie zur Demokratie, wobei die Reihenfolge keine feste ist. Hat der Kreislauf der Verfassungen zur Demokratie geführt, so entwickelt sich diese früher oder später zu einer „Herrschaft der Minderwertigen"[3], die immer hemmungsloser umverteilt und die Wirtschaft zerrüttet. Schließlich begrüßt das Volk einen neuen Alleinherrscher, und der Kreislauf beginnt von neuem. Nichts liegt uns ferner, als den Zusammenbruch der freiheitlich-demokratischen Grundordnung zu wünschen. Doch Millionen Fremde drängen, unser Land zu erreichen, und die Demokratie erscheint uns wie ein warmer Spätsommerabend, den wir genießen. Wir genießen und wissen, daß auf diesen schönen Abend kältere und stürmische Tage folgen werden, denen wir uns nicht entziehen können (Sieferle 2015).

Wenn ein Stück Erde erstmals umgebrochen wird, dann siedeln sich auf dem fruchtbaren Boden Pflanzen an, die rasch den gesamten Raum füllen. Auf diese Einjährigen folgen mehrjährige Stauden und schließlich Sträucher und Bäume. Sie wachsen immer dichter und höher und altern, bis der Landstrich von einem verheerenden Waldbrand erfaßt und vollständig verwüstet wird. Dann setzt die Sukzession, wie die Biologen diese Aufeinanderfolge von Entwicklungsstufen nennen, erneut ein. Für den kritischen Bürger ist die Demokratie nichts anderes als eine Entwicklungsstufe in der Sukzession der politischen Verfassungen.

Doch in welcher Phase des Kreislaufes befinden wir uns heute? Wenn wir uns die Geschichte großer Reiche vor Augen führen, so entsteht der Eindruck, daß auf jeden Aufstieg ein Niedergang folgt, der sich nach bestimmten Regeln und Gesetzmäßigkeiten vollzieht (Sorokin 1953). Galtung[4] extrahierte aus Standardwerken über Niedergang und Verfall 20 Variable, deren Verteilung er in 30 Fällen ermittelte, vom Untergang Westroms bis zum Untergang der Sowjetunion und dem von ihm erwarteten Zerfall der USA. Dabei hat er das folgende Syndrom als Ursache für den Untergang gefunden: Mangel an Kreativität und Management, fehlende Weitsicht und zurückgehende Kraft zur Erneuerung sowie Verschuldung; Ausländer übernehmen viele Ar-

---

3 Nach Jung 1930 in Weiss 2015, 16
4 Galtung 1996 in Weiss 2012, 19

beitsaufgaben. Vom sinkenden IQ einer Gesellschaft ist somit keine Rede, auch nicht bei den ersten beiden Punkten, für die sich aber das Ergebnis der Analyse kaum anders deuten läßt.

Nach jahrzehntelangen Forschungen über das Werden und Vergehen großer Mächte stellte Menzel fest (2013, 1661), *„dass der Aufstieg immer durch besonders innovatorische Leistungen ausgelöst wird. ... Je größer die Innovationsleistung, desto stabiler und dauerhafter ist auch die imperiale oder hegemoniale Position. Der relative Niedergang beginnt damit, wenn die Innovationskraft im Vergleich zu anderen nachläßt.“*

In dem Buch des Optimisten Julian L. Simon findet man eine Abbildung[5], die den zyklischen Zusammenhang zwischen der Bevölkerungsdichte und Kreativität belegt. Die schöpferische Kraft des Alten Rom versiegte ein Jahrhundert früher, ehe der Rückgang seiner Bevölkerungszahl einsetzte. Huebner[6] kam zu dem Ergebnis, der Gipfel der weltweiten Innovationskraft der Industriegesellschaft wäre schon 1873 erreicht gewesen, bei den Erfindungen schon im Jahre 1916. Was die Zahl der Innovationen im Verhältnis zu den weltweiten Pro-Kopf-Bildungsausgaben anbetrifft, dürfte Huebners Analyse zutreffen.

---

5 Nach Simon 1996, 379 wiedergegeben in Weiss 2012, 19; analog für das antike Griechenland Simon 1996, 378
6 Huebner 2005 in Weiss 2012, 20

DER IQ
ALS DAS MASS DER DENKKRAFT

Der IQ als das Maß der Denkkraft

In der Differentiellen Psychologie, die mit Intelligenztests den Intelligenzquotienten (IQ), d. h. Leistungsunterschiede, bestimmt, überschneidet sich die Bedeutung des Begriffes Intelligenz mit Begriffen wie Begabung, Talent und Lernfähigkeit, wobei in der Regel unterschiedliche Begabung und unterschiedliche Lernfähigkeit gemeint ist (Rost 2013a) und die allen Menschen gemeinsame Lernfähigkeit stillschweigend vorausgesetzt wird (also die Denkkraft, die einen Menschen von einem Schimpansen unterscheidet). In der Psychologie gibt es demnach zwei Intelligenzbegriffe: einen allgemeinen, der für alle Menschen gilt, und einen besonderen, mit dem man Unterschiede ausdrücken will. Diese Zweideutigkeit des Begriffes Intelligenz in der Psychologie trägt in nicht geringem Maße zu Verständnisproblemen bei. Im folgenden verwenden wir sowohl den psychometrischen Fachbegriff Intelligenz, mit dem Unterschiede zwischen Menschen gemessen und bezeichnet werden können, als auch den soziologischen Fachbegriff Intelligenz, mit dem eine soziale Schicht bezeichnet wird, die sich von anderen sozialen Schichten durch einen höheren Bildungsgrad auszeichnet, der seinerseits einen höheren IQ voraussetzt.

Der IQ ist das am häufigsten verwendete Maß für die Unterschiede der Denkkraft. Als 1912 Wilhelm Stern (1871–1938) bei Kindern den erreichten geistigen Reifegrad, ihr Intelligenzalter, durch ihr Lebensalter dividierte und mit 100 multiplizierte, ergab sich daraus der Intelligenzquotient. Heute wird der IQ anders definiert und ist kein Quotient mehr; die eingebürgerte Bezeichnung IQ für das Maß der Intelligenzunterschiede wurde jedoch beibehalten. 1932 schlug David Wechsler (1896–1981) vor, den IQ als Abweichung einer Person von einem festgelegten Mittelwert 100 zu definieren, bezogen auf eine Normalverteilung mit einer Standardabweichung 15. Der IQ gibt also den Rangwert einer Person in einer Bevölkerung in Hinsicht auf die intellektuelle Leistungsfähigkeit an. Wer einen IQ 85 hat, also eine Standardabweichung weniger als 100, über den wird damit gesagt, daß er einen Prozentrangwert von rund 16 hat und damit 16 % der Bevölkerung einen niedrigeren IQ als 85 haben, 84 % einen höheren. Wer einen IQ 130 hat, also zwei Standardabweichungen über 100 liegt, über den wird damit gesagt, daß er einen Prozentrangwert von rund 98 hat und nur noch 2 % der Bevölkerung einen höheren IQ haben. Jede Skala mit einem anderen Mittelwert als 100 und einer anderen Standardabweichung als 15 läßt sich in die IQ-Skala (100; 15) transformieren.

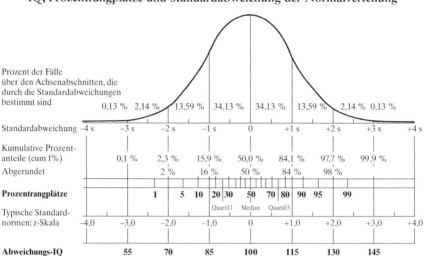

IQ, Prozentrangplätze und Standardabweichung der Normalverteilung

Da sich jeder Verteilungsunterschied auch in Prozentrangwerten ausdrücken läßt – ob das nun Einkommensunterschiede, Bildungsgrade oder Schulzensuren sind –, so läßt sich jeder Unterschied auch in die IQ-Skala (100; 15 – d. h. Mittelwert 100 mit der Standardabweichung 15) umwandeln und ausdrücken und damit vergleichen. Wenn also z. B. nur 4 % einer Bevölkerung eine Hochschule besuchen, dann entspricht das einem Prozentrang-Mittelwert der Hochschulstudenten von (100 – 4/2 =) 98. Das heißt, wenn nur die intelligentesten Vier-Prozent an einer Hochschule studieren (was ja nie ganz der Fall ist), dann hätten diese Studenten einen mittleren IQ von 130.

Galton hatte lange nach so etwas wie dem Korrelationskoeffizienten gesucht, und er hatte 1888 auch den richtigen Einfall, der dann von Karl Pearson (1857–1936) ausgeführt wurde. Ehe man den Korrelationskoeffizienten kannte, konnten Wissenschaftler zwei Variable, die miteinander einen Zusammenhang haben, zwar messen, zum Beispiel Körperhöhe und Körpergewicht (je größer, desto schwerer), doch man konnte nicht genau sagen, wie stark der Zusammenhang war. Mit Pearsons „r", wie der Koeffizient genannt wurde, konnte man nun sagen, wie eng der Zusammenhang ist, und zwar auf einer Skala, deren Minimum bei –1 (völlig entgegengesetzte Beziehung) bis zu +1

liegt (vollkommen gleichlaufende Beziehung). Bringt man die Meßwerte von zwei Variablen in zwei getrennte Rangordnungen, dann
bedeutet eine Korrelation von 1,00, daß der Größte auch der Schwer-
ste ist, der Zweitgrößte der Zweitschwerste usw. und schließlich der
Allerkleinste auch der Allerleichteste. Bei einer Korrelation von 0,00
verteilen sich hingegen alle Meßwerte rein zufällig.

Zwischen genetisch identischen (monozygoten) Zwillingen beträgt
die durch die genetische Theorie vorgegebene erwartete Korrelation
des IQ (wenn wir vom Meßfehler absehen) 1,00, zwischen Geschwistern und Geschwisterzwillingen (d. h. dizygoten Zwillingen) sowie
zwischen Eltern und Kindern je 0,50, zwischen Halbgeschwistern
und zwischen Enkeln und Großeltern je 0,25. Sie halbiert sich weiter
mit abnehmendem Blutverwandtschaftsgrad. Wenn man Blutgruppenbestimmungen quantifiziert und korreliert – das Vorhandensein
einer bestimmten Blutgruppe erhält dabei den Meßwert 1, das Nicht-
Vorhandensein den Meßwert 0 –, dann entsprechen die gefundenen
Werte genau oder fast den oben angegebenen erwarteten Werten.
Blutgruppenbestimmungen haben aber auch eine Zuverlässigkeit
(Reliabilität) von nahezu 1,00 (d. h. aufeinanderfolgende Messungen
führen zum selben Ergebnis). Intelligenztests oder Schulzensuren haben dagegen eine Reliabilität, die niedriger als 1,00 ist. Folglich kann
die gefundene Verwandtenkorrelation zwischen monozygoten (einei-
igen) Zwillingen nicht höher sein als diese IQ-Test-Reliabilität, die
Korrelation zwischen Geschwistern nicht höher als die Hälfte dieser
Reliabilität. Bouchard und McGue (1981) haben aus englischspra-
chigen Originalarbeiten die Verwandtenkorrelationen zusammenge-
tragen und graphisch dargestellt. Wir können aus der folgenden Abbildung erkennen: Die gefundenen mittleren Korrelationen stimmen
sehr gut mit den Erwartungen der genetischen Theorie überein.

Heute gilt bei den Psychologen ein Intelligenztest nur dann als ein
guter Test, wenn die Verteilungen in einer repräsentativen Stichprobe
eine Normalverteilung aufweisen. Die Testkonstrukteure wählen die
Einzelaufgaben einer Testbatterie deshalb so aus, daß das Gesamter-
gebnis der angestrebten Normalverteilung nahe kommt. Im falschen
Umkehrschluß hat sich dann bei den Psychologen und in der Öffentlichkeit die Überzeugung festgesetzt, die Normalverteilung des IQ sei
seine natürliche Eigenschaft und keine menschengemachte.
    Seit Jahrzehnten rätseln die Ökonomen, warum der IQ normal-
verteilt ist, Einkommensverteilungen aber schief. Da die Intelligenztestwerte ursprünglich aber gar nicht normalverteilt sind, sondern
ebenfalls schiefe Verteilungen aufweisen, löst sich der Widerspruch

Korrelation des IQ bei Verwandten

	0,0 0,10 0,20 0,30 0,40 0,50 0,60 0,70 0,80 0,90 1,00	Anzahl der Einzel- untersuchungen	Anzahl der Paare	Gewichtete mittlere Korrelation
Monozygote Zwillingspaare gemeinsam aufgewachsen		34	4672	.86
Monozygote Zwillingspaare getrennt aufgewachsen		3	65	.72
Dizygote Zwillingspaare gemeinsam aufgewachsen		41	5546	.60
Geschwister gemeinsam aufgewachsen		69	26473	.47
Ein Elternteil-Kinder gemeinsam aufgewachsen		32	8433	.42
Halbgeschwister		2	200	.31
Cousins		4	1176	.15
	0,0 0,10 0,20 0,30 0,40 0,50 0,60 0,70 0,80 0,90 1,00			

Die Korrelationen der 111 Einzeluntersuchungen sind durch schwarze Kreise bezeichnet, während die Mediane durch vertikale Striche angezeigt werden. Die Pfeile geben die rein theoretische Korrelation an, d. h., wenn die Heiratssiebung unberücksichtigt bleibt und die Testreliabilität 1,00 betragen würde.

Quelle: Bouchard und McGue (1981), (nach Weiss [1982] S. 88, Abb. 12)

bei näherem Hinsehen auf. In beiden Fällen handelt es sich um lognormale Verteilungen.

Die Stabilität des IQ während eines Lebens ist in der Gesamtbevölkerung schon seit Jahrzehnten und vielmals untersucht worden. Im Alter von fünf bis zehn Jahren steigt die Vorhersagekraft der Tests rasch an und ungefähr ab zehn werden die IQ-Werte innerhalb der üblichen Meßfehlerschwankungen stabil.

Bis zum Alter von fünf Jahren gilt für klassische IQ-Tests: Der IQ eines Kindes für ein Alter von 15 Jahren läßt sich genauer vorhersagen, wenn man dazu die IQ-Werte seiner beiden Eltern verwendet, als mit irgendeinem Testergebnis im Alter unter fünf Jahren.

Aus dem Mittelwert der Eltern P läßt sich zum Beispiel der genotypische Wert G (in unserem Falle der erwartete IQ des Kindes) nach folgender Formel schätzen:

$$G = h / (P - S) + S$$

S ist hier der Mittelwert der Teilbevölkerung, zu der die Eltern gehören, und h die aus der Eltern-Kinder-Korrelation bekannte Heritabilität.

Es ist falsch, Regression als einen selbständigen Mechanismus aufzufassen, der über Generationen hinweg ein allgemeines Einebnen von

Unterschieden bewirken könnte. Denn für die Ursachen der „Regression zur Mitte" gibt es eine einfache Erklärung aus der Meßtheorie: Je weiter der Wert einer Messung sich vom Mittelwert der Bevölkerung entfernt, desto größer ist der Meßfehler, mit dem er behaftet ist. Bilde ich aus den Meßwerten von Vater und Mutter einen Mittelwert und stelle die Mittelwerte ihrer Kinder dagegen, dann finde ich die gleiche Erscheinung der statistischen Regression, die auf der Verteilung der Fehlervarianzen beruht, d. h. die Kinder zeigen einen Rückschlag zur Mitte. Hat sich dabei aber genetisch irgend etwas abgespielt? Nein, denn die Regression ist ein rein statistisches Phänomen und kein biologisches. Die Genhäufigkeiten der Kindergeneration entsprechen der Generation der Eltern (sofern die Kinderzahlen nicht verschieden sind, wie beim IQ). Von Regression wird aber leider auch gesprochen, wenn man den Meßwert nur eines Elternteils mit dem seiner Kinder vergleicht. Dabei ergibt sich ein sehr starker Rückschlag zur Mitte, und zwar je stärker, desto mehr man sich hin zu einem sehr niedrigen oder sehr hohen IQ bewegt. Das liegt einfach daran, daß eine extreme Person nur mit geringer Wahrscheinlichkeit einen ebenso extremen Ehepartner hat; mit größerer Wahrscheinlichkeit liegt sein Ehepartner näher zum Mittelwert. Dadurch müssen die Kinder eines extremen Elternteils dann im statistischen Mittel deutlich mittelwertsnähere Meßwerte aufweisen. Genhäufigkeiten werden durch statistische Regression nicht verändert (Johannsen 1909).

Die mathematisch-technisch Hochbegabten

1969 begann Weiss, die alljährlich in der DDR stattfindenden „Olympiaden Junger Mathematiker" als Ausgangspunkt für eine Untersuchung über Hochbegabung zu nehmen. Im Zeitraum von 1963–1971 nahmen an diesen Olympiaden rund 2,8 Millionen Schüler teil, wobei man bestrebt war, alle geistig normalen Schüler der Klassen 5–12 einzubeziehen. Insgesamt erbrachten die Registrierkarten der 1329 bestplazierten Hochbegabten und Fragebögen Daten über rund 20.000 Personen. Die mathematisch-technisch Hochbegabten konnten in allen Naturwissenschaften, bei komplexen organisatorischen Anforderungen und anderen Wissensgebieten Spitzenleistungen erzielen, wenn die Umstände es zuließen oder erforderten, so wie ab 1990 einige dann auch politische Spitzenstellungen einnahmen. Die überragende Bedeutung dieser Hochbegabten für die wirtschaftliche Entwicklung eines Landes, die den politisch Verantwortlichen in der DDR aufgegangen war, war der Grund gewesen, die Untersuchung überhaupt zu genehmigen.

Umso unverständlicher ist es, daß in der „Freien Welt" die offensichtliche Verringerung dieses Begabungspotentials kaum Anlaß zum Gegensteuern ist. Nicht nur der Mainzer Physikprofessor Hermann Adrian stellte 2005 fest, daß sich die Zahl der Studenten, die in Deutschland erfolgreich ein Physikstudium abschließen, allmählich verringert; das gleiche trifft laut Lee Smolin auch für die USA zu: *„Es ist eine bedauerliche Tatsache, dass die Zahl der amerikanischen Studenten mit Universitätsabschlüssen in Physik seit Jahrzehnten zurückgeht. Man sollte meinen, dadurch würde der Konkurrenzkampf um Physikposten abnehmen. Weit gefehlt, denn der Rückgang an niedrigen Universitätsgraden wird mehr als wettgemacht durch die Zunahme an Promotionen bei intelligenten, ehrgeizigen Studenten aus der Entwicklungswelt. Die gleiche Situation beobachten wir in anderen entwickelten Ländern."*[7] Emmanuel Todd hat Statistiken kommentiert, die das für die USA belegen: *„Das intellektuelle Niveau der privilegierten gesellschaftlichen Schichten ist signifikant gesunken. ... Die Naturwissenschaftler bilden die treibende Kraft im technologischen Wettrüsten, das sich die Unternehmen und Nationen der industrialisierten Welt ungeachtet all des schönen Geredes über Zusammenarbeit liefern. ... Zwischen 1975 und 1985 hatte sich die Zahl der naturwissenschaftlichen Diplome in Amerika noch ... erhöht"*[8], geht seitdem jedoch zurück.

Wenn das Fehlen hochqualifizierten Fachpersonals nicht durch Einwanderung ausgeglichen werden kann, gerät ein Land in Schwierigkeiten. „Deutschland hält sich", so Thilo Sarrazin, *„sehr viel zugute auf die Qualifikation und den Fleiß seiner Arbeitskräfte, auf den technologischen Vorsprung seiner Produkte und seine Spitzenstellung in Wissenschaft und Technik. ... Eine funktionierende arbeitsteilige Volkswirtschaft ist eine komplexe Maschinerie. Sie braucht ein Angebot an einfachen Dienstleistungen und qualifizierte Handarbeit, ein solides Rechtssystem, eine geordnete Verwaltung und gute Lehrer genau so dringend wie Mathematiker, Ingenieure, Naturwissenschaftler und Techniker. Aber nur Letztere bilden die Gruppe, die den eigentlichen technischen Fortschritt vorantreibt, die für Richtung und Umfang technischer Innovationen bestimmend ist."*[9]

„Aufgrund der starken Zunahme der MINT[10]*-Absolventen in Fernost wird der Anteil Deutscher unter den MINT-Absolventen weltweit stark fallen und damit auch der deutsche Anteil an den Innovationen. ... Die kontinuierliche Abnahme des quantitativen Potentials an wissenschaftlich-technischer Intelligenz wird sich fortsetzen"*, so Sarrazin weiter. *„Dass die Zahl der Geburten in Deutschland zwischen 1965 und 2009 auf die Hälfte gesunken ist, ... bedeutet*

---

7   Zitiert nach Smolin 2009, 357 in Weiss 2012, 212
8   Zitiert nach Todd 1999, 60 f., Grafik 4 in Weiss 2012, 212
9   Zitiert nach Sarrazin 2010, 51 f. in Weiss 2012, 212
10   MINT = Mathematik, Informatik, Naturwissenschaften, Technik

auch, dass in Deutschland heute nur noch halb so viele … der talentierten Köpfe des Geburtsjahrgangs 1965 geboren werden. [Und nur ein Viertel im Vergleich zu den Jahrgängen um 1900 und 1910, auf denen einst Deutschlands wissenschaftliche und sonstige Weltgeltung beruhte.] … *Wir wissen, dass die Zahl der deutschen 20- bis 30-Jährigen bis 2050 um mehr als 40 % sinken wird. Damit wissen wir, dass auch das deutsche Innovationspotential in den nächsten Jahren um 40 % sinken wird. Häufig hört man, der demografischen Bedrohung für das Innovationspotential könne man durch eine höhere Quote an Hochschulabsolventen begegnen. … Das dürfte kaum der Fall sein, denn bei der heutigen Abiturientenquote werden 95 % der wirklich Hochbegabten bereits zur Hochschulreife geführt, und von den besten Abiturienten studieren bereits an die 100 %. All die Germanisten, Politologen, Soziologen und Philosophen, die unsere Universität verlassen, tragen durchaus zum allgemeinen Bildungsniveau bei, ihr Beitrag zum wissenschaftlich-technischen Fortschritt geht jedoch gegen null."*[11]

Bei der Untersuchung der mathematisch-technisch Hochbegabten der DDR waren für die Hypothesenbildung folgende Feststellungen besonders wichtig:

1. In Familien, in denen der Vater zur selben Spitzen-IQ-Berufsgruppe der Hochbegabten gehörte wie 91 % der Hochbegabten selbst, waren alle Geschwister der Hochbegabten weit überdurchschnittlich (alle besuchten eine zum Abitur führende Schule oder studierten).

2. In den Familien, in denen der Vater einen anderen Beruf hatte als einen aus der IQ-Spitzengruppe, streuten die Geschwister über das gesamte mögliche Berufsspektrum. 14 % der Geschwister übten Berufe aus, die in der Regel nicht mehr als eine durchschnittliche Denkkraft erfordern.

3. Bei den Seitenverwandten ergab sich ein besonders auffälliger Befund: Elternpaare (wobei es sich um die Geschwister der Eltern der Hochbegabten und deren Ehepartner handelte), wo beide Eltern entweder zur Spitzen-IQ-Berufsgruppe gehören oder beide ungelernte Arbeiter sind, haben fast stets nur Kinder, die wieder Berufe der jeweiligen Qualifikations- und damit IQ-Stufe ausüben. Elternpaare im IQ-Bereich um 110 haben hingegen Kinder, die über das gesamte mögliche Berufsspektrum verteilt sind.

---

11 Zitiert nach Sarrazin 2010, 52 ff. in Weiss 2012, 213

Für jemanden, der die Mendelschen Gesetze und die sich daraus ergebenden statistischen Verteilungen vor Augen hat, drängt sich bei diesen Befunden die folgende Hypothese förmlich auf: Nehmen wir an, die Spitzen-IQ-Berufsgruppe (zu der 91 % der Hochbegabten gehören) wäre homozygot für ein mendelndes Allel M1, also Genotyp M1M1, die ungelernten Arbeiter wären M2M2, die Berufe mit einem IQ-Mittel um 110 wären heterozygot M1M2. Wenn man von einer Fehlklassifikation zwischen 10 und 20 % ausgeht, dabei die 91 % der Probanden als einen Grenzwert der möglichen Genauigkeit annimmt, dann sollte es möglich sein, die Hypothese der Mendelschen Spaltung eines Hauptgenlocus der Allgemeinen Intelligenz aufzustellen und zu prüfen.

Francis Galton war der erste, der 1869 bloße Vermutungen über die Vererbung der Begabungen durch statistische Daten ersetzte. Es gibt eine offensichtliche Parallelität zwischen den von Weiss 1970/71 sowie bei den in der Folgeuntersuchung 1993 erhobenen Daten und den Daten von Galton, Terman und seinen Mitarbeitern (Oden 1968) sowie denen Brimhalls (1922/23).

Weiss stellte 1971 die Hypothese auf, daß die Existenz eines Hauptgens M1 die Häufigkeitsverteilung von Berühmtheit und Hochbegabung unter den Blutsverwandten von Hochbegabten erklären könne. Er schätzte die Häufigkeit q dieses hypothetischen Allels M1 für eine Bevölkerung mit einem mittleren IQ von 100 mit 0,20. Natürlich kann diese Hypothese nicht nur aus dieser Tabelle abgeleitet werden, sondern beruht ebenso auf umfangreichen Daten, die zeigen, wie sich Hochbegabung und IQ innerhalb der Familien entsprechend den Erwartungen der Mendelschen Gesetze aufspalten. Aus all dem folgt: Personen mit einem genotypischen IQ über 123 sollten homozygot M1M1 sein, diejenigen mit einem IQ von 105 bis 123 heterozygot M1M2 und die mit einem IQ unter 105 homozygot M2M2. In Wirklichkeit markieren jedoch die Schwellenwerte IQ 105 und IQ 123 keine scharfen Grenzen, sondern die mittleren Trennlinien der Überlappungszonen der Phänotypen des getesteten IQ. Anschaulich ausgedrückt gibt es drei Typen von Menschen: Menschen (mit einem IQ über 123), die Maschinen erfinden, Menschen (mit einem IQ über 104 und unter 124), die Maschinen reparieren, und Menschen mit einem IQ unter 105, die Maschinen bedienen.

Stets wurde betont, daß dieses Modell, bei dem die Höhe des IQ nur durch einen einzigen Gen-Locus mit den Allelen M1 und M2 bestimmt wird, sich im Laufe der weiteren Forschung als eine Vereinfachung herausstellen würde, mit der Wesentliches zwar richtig erfaßt wird, hinter der sich aber eine viel komplexere Wirklichkeit verbergen dürfte. So könnten die Allele M1 und M2 die Abstraktion von zwei additiv wirkenden Allelserien sein, deren Eigenschaften sich innerhalb einer Serie nur geringfügig unterscheiden. Auch bei den Blutgruppen kannte man am Anfang nur die Haupt-Blutgruppen und ihre Eigenschaften. Heute ist die Genetik der Blut- und Serumgruppen eine Wissenschaft für sich, wobei man inzwischen für die meisten Blutgruppen die genaue genetische Kodierung kennt.

Hochbegabte Männer und die Prozentanteile ihrer hochbegabten männlichen Verwandten
(klassifiziert nach Beruf und Leistung in den Untersuchungen von Galton, Terman, Brimhall und Weiss)

	Galton %	Terman %	Brimhall %	Weiss %	n (Weiss), mittleres Geburtsjahr
Probanden	100	84[+]	100	97[+]	1972: 1329, 1994: 357, b. 1947
Väter	26	41	29	40	346, b. 1917
Brüder	47	—	49	49	220, b. 1947
Söhne	60	64[*]	—	55	77, b. 1972
Großväter	14	—	9	9	681, b. 1887
Onkel	16		13	14	615, b. 1917
Neffen	23	—	—	22	76, b. 1970
Enkel	14	—	—	—	—
Urgroßväter	0	—	—	4	1290, b. 1857
Onkel der Eltern	5	—	—	5	1996, b. 1887
Cousins	16	—	9[#]	18	570, b. 1942
Urenkel	7	—	—	—	—
Cousins der Eltern	—	—	—	11	2250, b. 1917

+: Klassifiziert nach dem Beruf; 100 %, wenn klassifiziert nach Leistungstest.

*: Nur nach dem IQ klassifiziert; die Klassifizierung nach dem Beruf ergibt rund 55 %; n = 820.

#: Einige Cousins waren noch zu jung und hatten noch keine Gelegenheit, sich auszuzeichnen.

—: Keine Daten.

Quellen:

Galton, F. (1869). Hereditary Genius. London: Macmillan, 195. – 100 berühmte Wissenschaftler (Mathematiker und Naturwissenschaftler; n = 43) und die Prozentanteile ihrer berühmten Verwandten.

Oden, M H. (1968). The fulfillment of promise: 40-year follow-up of the Terman group. Genetical Psychology Monographs, 77, 3–93. – Der mittlere IQ (transformiert zu 100;15) der Stichprobe der Probanden betrug 146 (n = 724) und alle hatten mindestens den IQ 137.

Brimhall, D. R. (1922/23). Family resemblances among American men of science. The American Naturalist, 56, 504–547, 57, 74–88, 137–152, and 326–344. – 1915 wurden von 956 herausragenden amerikanischen (Natur-)Wissenschaftlern und ihren Verwandten Fragebogen ausgefüllt.

Weiss, V. (1994a). Mathematical giftedness and family relationship. European Journal for High Ability, 5, 58–67. – Hochbegabte Männer (mittlerer IQ 135 ±9) und ihre Verwandten in Berufen und Dienststellungen, die in der Regel einen IQ von über 123 voraussetzen.

Jensen schrieb 1980: „*Die im Leben wichtigsten Schwellenwerte auf der IQ-Skala sind die, die mit hoher Wahrscheinlichkeit Personen voneinander trennen, die eine akademische oder eine dahin führende vorbereitende Ausbildung erfolgreich abschließen können (d.h. mindestens einen IQ von 105 besitzen).*"[12] Unabhängig davon formulierte im Internet ein Verfasser unter dem Pseudonym „La Griffe du Lion" [Die Klauen des Löwen] seine „Theorie des klugen Bevölkerungsanteils" (2004) und stellte fest: „*In Marktwirtschaften ist das Pro-Kopf-Bruttoinlandsprodukt (BIP) dem Bevölkerungsanteil mit einem IQ über 105 direkt proportional. … Im 1992 Wonderlic Personnel Test and Scholastic Level Exam Users Manual kann man nachlesen, daß wir ab einem IQ 106 Buchhalter finden, Kassenangestellte, Laboranten, Verkäufer und Sekretäre. Einen etwas höheren IQ haben ausgebildete Krankenpfleger, Bilanzbuchhalter, mittleres Verwaltungspersonal und Verkaufsstellenleiter. Solche Menschen sind … für eine blühende Wirtschaft unentbehrlich.*"

Aus dem Hardy-Weinberg-Gesetz der Populationsgenetik ergibt sich für die Häufigkeit q des hypothetischen Hauptgens M1 des IQ

$$(1-q)^2 + 2q(1-q) + q^2 = 1.$$

Wenn q = 0,20 ist, folgt daraus, daß

$$2q(1-q) + q^2 = 0,36$$

als Summe der Homozygoten M1M1 und der Heterozygoten M1M2. Diese Häufigkeit von 0,36 und ihr Prozentrangwert entsprechen nicht nur einem IQ von 105 (bei einer Bevölkerung mit dem IQ-Mittelwert 100), sondern sind auch identisch mit dem eben zitierten „Prozentanteil der Klugen".

Über den Daumen gepeilt, ergibt diese Häufigkeit mal 1000 das theoretische Bruttoinlandsprodukt (BIP) im Jahre 1998.[13] Tatsächlich erweist sich somit die Beziehung zwischen dem BIP und der Häufigkeit eines hypothetischen Hauptgens, das einem überdurchschnittlichen IQ zugrunde liegt, als linear. Das Paretoprinzip (auch bekannt als die 80-20-Regel) – in unserem Falle verstanden als „Gesetz der lebensnotwendigen Wenigen" – besagt: Für viele Ereignisse gehen 80 % der Wirkungen von 20 % der Ursachen aus. Die Macht eines Staates hängt nicht nur von seiner bloßen Einwohnerzahl ab, sondern vor allem auch vom Prozentanteil der Klugen.

In einer jeden Generation entstammt die größte Zahl von Hochbegabten nicht den Ehen von Hochbegabten untereinander, sondern aus Ehen des Mittelstandes. Man berechne einmal die Heiratskombinationen, zum Beispiel M1M1 x M1M1 und ihre Häufigkeiten

---

12 Zitiert nach Jensen 1980, 115 in Weiss 2012, 218
13 Siehe Weiss 2012, 220

in der Bevölkerung, in diesem Falle 0,05 x 0,05; sie ergeben nur 0,0025 M1M1-Kinder. Aber M1M2 x M1M2 ist 0,27 x 0,27 = 0,0595. 25 % von 0,0595, das ist die Häufigkeit der hochbegabten M1M1-Kinder aus diesen Ehen! Die meisten Hochbegabten entstammen Verbindungen, in denen entweder Vater oder Mutter M1M1 ist, der Partner M1M2 oder beide M1M2. Die jede Vererbung in Abrede stellen wollen, meinen, daß Vererbung eine statische Wirkung hätte, wodurch die sozialen Unterschiede und die Gesellschaft verfestigt würden. Im Gegenteil: Die Spaltung der Anlagen zieht in jeder Generation die soziale Mobilität der folgenden Generation nach sich.

Jahrzehntelang hatte man angenommen, die Mendelsche Genetik sei nur auf Sachverhalte anwendbar, bei denen man die genetischen Typen klar in qualitativer Weise trennen und Spaltungsverhältnisse zwischen ihnen feststellen kann. Doch ist der IQ, wie jeder weiß, ein quantitatives Merkmal mit fließenden Eigenschaften, das auf einer kontinuierlichen Skala gemessen wird. Das ist ein wesentlicher Grund, warum sich die Forschung jahrzehntelang immer wieder damit begnügt hat, die statistischen „Anteile" der Erb- und Umweltwirkungen auf die Denkkraft zu bestimmen. Auch diejenigen, deren Daten für die Erblichkeit der Intelligenzunterschiede sprachen, waren der Auffassung, es handele sich um die Wirkung von sehr vielen Genen, vermutlich von hunderten. Sicher trifft es auch zu, daß hunderte, ja tausende der rund 27.000 Gene des Menschen unter bestimmten Bedingungen einen Einfluß auf das geistige Leistungsvermögen ausüben können. Aber haben diese vielen Gene mit ihren Millionen, aber oft nur sehr seltenen Schalterstellungen (Allelen) tatsächlich einen großen Einfluß? Oder haben die meisten eher nur einen geringen, kaum oder gar nicht nachweisbaren? Sind dann nicht Umweltunterschiede viel größer und wichtiger?

Von den Forschern, die für die stets kleinen Wirkungen von aberhunderten Genen eintreten, hat sich bisher noch keiner die Mühe gemacht, eine Erklärung zu liefern für den logischen Widerspruch zwischen der Annahme eines einzigen Hauptfaktors der Intelligenz und der Annahme von hunderten Genen, die immer wieder diesen Hauptfaktor erzeugen sollen. Dabei sollte man doch annehmen, die Wirkung von hunderten Genen, die sich unabhängig voneinander vererben, ließe ein buntes Muster von Faktoren entstehen und keinesfalls einen Hauptfaktor. Auch hätte auffallen müssen, daß die soziale Wirklichkeit gegen die hundert Gene spricht. Wenn nämlich die sozialen Unterschiede durch eine sehr große Zahl von Genen bedingt wären, die auch die Intelligenzunterschiede beeinflussen, dann wären diese Gene über die Jahrhunderte im Besitz- und Bildungsbürgertum so stark angereichert worden, daß der soziale Auf- und Abstieg von einem Ende der IQ-Skala zum anderen mehr als zwei Generationen benötigen würde. Die Möglichkeit des raschen sozialen Auf- und Abstiegs spricht dafür, den Denkkraftunterschieden, dem IQ, läge ein einfacher genetischer Polymorphismus zugrunde, der einem kastenähnlichen Erstarren der Gesellschaft entgegenwirkt. Eine breite Mittelschicht, die aufwärts oder abwärts heiratet oder unter sich selbst, verbindet die sozialen Extreme. Die Daten belegen: Die Kinder dieser Mittelschicht haben bei Verbindungen von Mittelschichtangehörigen untereinander in jeder Generation eine Chance von 25 % zur geistigen Elite aufzusteigen, von 25 % zur geistig gesunden Arbeiterschaft zu gehören und eine Chance von 50 %, die mittlere gesellschaftliche Position der Eltern zu behalten.

In sehr vielen Ländern ist es politisch inkorrekt, an Untersuchungen zur Genetik des normalen IQ überhaupt zu denken, geschweige denn solche durchzuführen. Auch Deutschland gehört zu den Ländern, in denen diese Tabuisierung das Denken und Handeln einengt. Wenn Forscher dennoch über Vererbung von Intelligenzunterschieden arbeiten, dann forschen sie über die Genetik der Dyslexie, über Autismus, die Alzheimer-Erkrankung und andere geistige Leistungsminderungen, niemals aber vordergründig über den IQ im Normalbereich. Manchmal untersuchen sie jedoch sogar Kontrollgruppen normaler gesunder Personen. Um den IQ der Probanden zu schätzen, reichen in Industriestaaten Bildungsjahre und Beruf völlig aus, man kann auf die Anwendung strittiger IQ-Tests verzichten.

„Zu einem vollen Verständnis bei der Genetik der Schizophrenie, der Dyslexie, der Aufmerksamkeitsstörungen (ADHD), von Alzheimer und einer großen Zahl neurodegenerativer Erkrankungen wird man nur gelangen können, wenn man die Intelligenzunterschiede, den IQ und seinen genetischen Hintergrund als eine wichtige Störvariable mit in die Untersuchungen einbezieht.[14] *... Es ist deshalb nicht ganz aussichtslos, daß die Genetik des normalen IQ als Nebenprodukt medizinischer Fragestellungen entdeckt werden wird."*

Die Molekulargenetik der Intelligenzunterschiede

Sie wissen es schon längst, sie haben es oft genug gelesen oder gehört: Es gibt kein Intelligenzgen. Intelligenz ist eine hochkomplexe Eigenschaft, die sich in einer langen Entwicklung herausgebildet hat und herausbildet, wobei stets die Umwelt und – wenn überhaupt – eine unüberschaubare Anzahl von Genen beteiligt sind. Das ist sogar richtig.

---

14 Weiss selbst in 2012, 236

Die Genetiker befassen sich auch gar nicht mit der Intelligenz an sich, das überlassen sie den Psychologen, Pädagogen, Neurowissenschaftlern und anderen, sondern mit der Genetik der Denkkraftunterschiede, der Genetik des IQ. Die meisten Psychologen haben zu der Fragestellung nach der Ursache im Sinne der Genetik seit jeher keine rechte Beziehung. Psychologen befassen sich in der Regel mit Korrelationen und sind damit zufrieden. Bei der Genetik des IQ führt das aber ins Abseits.

Sie haben alle mitbekommen: Seit 2003 gilt das menschliche Genom als entschlüsselt.

Von tausenden Krankheiten und Merkmalen konnten die verursachenden Gene entdeckt werden, und neue Entdeckungen kommen ständig hinzu. Doch einige Krankheiten und Merkmale scheinen sich hartnäckig der bestätigbaren Entdeckung ihrer genetischen Grundlagen zu entziehen, darunter einige, die mit geistiger Gesundheit zu tun haben: u. a. Parkinson, Alzheimer, Schizophrenie, Autismus, Dyslexie. Dabei wird seit Jahren fast jeden Monat in der Fachliteratur die Entdeckung eines neuen Schizophrenie-Gens veröffentlicht. Doch meist sind die angenommenen Wirkungen des neuen Gens (oder SNPs) nur gering, und die nächste Forschergruppe, die sich an die Überprüfung der Ergebnisse macht, kann sie nicht bestätigen.

2013 veröffentlichten über 100 Forscher gemeinsam eine Untersuchung von 126.559 Personen, bei denen sie auch einige Gene mit sehr geringen Wirkungen für Bildungserfolg fanden oder das annahmen. (Wir wollen an dieser Stelle auf genaue Literaturangaben verzichten, da sie das Buch – denn ähnliche Untersuchungen gibt es in einiger Zahl – nur belasten würden.) Seitdem man begriffen hat, daß man den IQ nicht unbedingt testen muß, sondern aus Bildungsgrad oder Sozialstatus ganz gut schätzen kann, verkündete man in „Nature" 2016 sogar die Entdeckung von „74 genes for education" (74 Gene für Bildung), jedes Gen selbstverständlich wiederum mit minimaler Wirkung. 74 Gene als Bildungsgrundlage, ist das nicht viel zu wenig, müßten es nicht 740, 7.400 oder noch viel mehr sein?

Kein einziges Gen bewirkt in direkter Wirkung die Ausprägung nur eines einzigen Merkmals. Unsere 27.000 menschlichen Gene mit ihren 20 Millionen Schalterstellungen (Allelen; SNPs und Indels) verwirklichen sich in zigtausendfach verwobenen Netzwerken (Koonin 2011). Für die genetische Analyse stehen uns inzwischen Datenbanken von tausenden Personen zur Verfügung, deren Genom sequenziert (entschlüsselt) worden ist, also Daten im zigfachen Milliardenbereich. Es ist damit nur eine Frage der verfügbaren Rechenkapazität und der Anzahl der untersuchten Personen, um signifikante Korrelationen zwischen einem Merkmal und Daten in dem biochemischen Netzwerk zu finden, also 74 „genes for education" und mehr. Was man aber auf diese Weise findet, sind keine primären Genwirkungen, sondern sekundäre, tertiäre usw. in Netzwerken oder Außenwirkungen oder bloße Zufallszusammenhänge. Die primären Wirkungen können durch Zufall darunter sein, aber man hat keine Mittel, sie von den anderen Wirkungen zu unterscheiden. Dazu brauchte man eine völlig andere Datengrundlage, als sie bis jetzt zur Verfügung steht, nämlich Familiendaten, Eltern mit Kindern!

Wieviel Gene hätte Mendel für seine Erbsenfarben gefunden, wenn er Millionen Erbsendaten-SNPs gekannt hätte, aber keinerlei Erkenntnisse aus Kreuzungsexperimenten? 100 oder 1000 Gene für die Erbsenfarben? Ebenso würde man 100 oder 300 Gene für die Vererbung der Farbenblindheit oder der Muskeldystrophie finden – wo einzelne Gene schon ganz genau bekannt sind – wenn man die Gene allein aus den Korrelationen in den gigantischen Datenbanken bestimmen wollte. Die Mainstream-IQ-Forschung in bezug auf Gene sonnt sich zur Zeit auf einem Holzweg. Und das Schlimme daran ist, das kaum jemand den Sinn der eben gestellten Frage – wieviel Gene hätte Mendel gefunden? – begreift und Abhilfe verlangt, nämlich Gen-Datenbanken über Eltern und den ihnen zugeordneten Kindern. Es gibt in der Humangenetik nur ganz wenige Mahner (Nelson et al. 2013; Génin und Clerget-Darpoux 2015), die kaum Beachtung finden, die begriffen haben, wie verfahren viele Forschungsansätze derzeit sind. Hat man nichts gefunden, fordert man für den nächsten Anlauf noch größere Probandenzahlen, noch mehr Daten, noch mehr Kooperation, um dann viele immer kleinere Wirkungen zu finden, die als Erfolg verkauft werden.

Nur für die Pharmakologie haben solche Ansätze Sinn. Denn in Wirklichkeit sind die Wirkungen der Gene in den Netzwerken nicht alle gleich groß und klein (Horvath 2011). Es gibt Schwerpunkte und Knoten (Koonin 2011), an deren Entdeckung die Pharmakologie mit ihrer weiteren Forschung dann anknüpfen möchte, auch bei der Entwicklung gedächtnisfördernder Drogen.

Sachkundige Wissenschaftler wußten bereits 2003, daß die sogenannte vollständige Entzifferung des genetischen Codes „des Menschen" eine bewußte Täuschung der Öffentlichkeit war und ist. Daß man die Variabilität bei den Einzelmenschen nicht kannte, wurde ja eingeräumt und ihre Erforschung als Ziel gestellt, viel schwerwiegender blieb jedoch, daß man beträchtliche Abschnitte des Genoms überhaupt nicht entziffern konnte oder nur mit vielen Fehlern, über deren Größenordnung man keine rechte Vorstellung hatte und sie bis heute nicht hat (Huddleston und Eichler 2016).

Wer ein Buch verstehen will, liest Buchstaben und Zeile für Zeile, Seite nach Seite. Für die Dekodierung des Genoms erfand man jedoch eine andere Methode: Der Buchtext, die Chromosomen, wurden mehrfach in zig-zig kurze Schnipsel zerlegt, die automatisch sequenziert wurden. Die Computer erkannten an den Überlappungen die zerschnittenen Texte und ordneten sie linear. Wenn man das mit einem Buch macht, dann kann das an Textstellen, an denen es zu Aufzählungen kommt, zwischen denen immer wieder das Wort „und" steht, Schwierigkeiten mit sich bringen. Man kann zwar ungefähr feststellen, wie oft „und" vorkommt, aber nicht die genaue Lage eines jeden „und" bestimmen, und auch ein Computer bringt auf dem Textabschnitt mit den vielen Aufzählungen keinen fehlerfreien linearen Text zustande. Genau das ist im Humangenomprojekt geschehen und nicht nur einmal. In der Wirklichkeit gibt es nicht nur solche „und"-Häufungen, sondern – von Mensch zu Mensch verschieden – Lücken oder Auslassungen unterschiedlicher Länge im Gentext, Dopplungen und Vervielfachungen von Abschnitten, Umkehrungen ganzer Abschnitte und manches mehr.

Wegen der Mißerfolge der Humangenetik bei so wichtigen Fragen wie Diabetes, Alzheimer oder Schizophrenie kamen einige Forscher auf die Idee, die unbekannten genetischen Ursachen seien nicht in den bekannten Polymorphismen (SNPs), sondern in der unbekannten genetischen Variation zu suchen. Als 2005 die erste Gensequenz eines Schimpansen veröffentlicht wurde, begann James M. Sikela an der Universität von Colorado in Denver darüber hinaus nach den Genabschnitten zu suchen, in denen sich Schimpanse und Mensch am stärksten unterscheiden; mit der Zielstellung, auf diesem Wege auf die Gene zu stoßen, die unsere geistigen Fähigkeiten als Menschen einzigartig machen (Sikela 2006).

Fündig wurden Sikela und seine Mitarbeiter auf dem Chromosomenabschnitt 1q21 (Dumas und Sikela 2009), wo von den 270 Kopien des Proteins DUF1220[15] 240 lokalisiert sind (Kenntnisstand von Keeney et al. 2014). Mäuse haben in ihrem Genom insgesamt 1 DUF1220-Kopie, Niedere Affen (Koboldmakis) 47, Makaken 74, Gorillas 99, Schimpansen 138 und Menschen rund 300 Kopien (Zimmer und Montgomery 2015). Es ergibt sich dabei eine klare Parallelität mit der Höhe der Gehirnentwicklung.

Bei einer Blasenmole kann es zur Bildung eines haploiden DNA-Stranges kommen. Einen solchen Unglücksfall der Natur nutzten Sikela und das Dutzend seiner Mitarbeiter (O'Bleness et al. 2014) aus, um erstmals zu einer genauen Sequenzierung der 1q21-Region zu gelangen. Sie fanden, daß 238 DUF1220-Kopien in die rund 20 Gene der Neuroblastoma-Breakpoint-Gen-Familie NBPF eingelagert sind. Was die NBPF-Gene bewirken – ein Dutzend proteincodierend, ande-

---

15 DUF = domain of unknown function

re Pseudogene –, darüber ist bisher fast nichts bekannt. Nur eines ist sicher: Sie spielen eine Rolle bei der Gehirnentwicklung.

Im Januar 2015 veröffentlichte das Sikela-Laboratorium (Davis et al. 2015a) Daten, nach denen eine Kopie mehr oder weniger des CON2-Stammes von DUF1220 einen mittleren IQ-Unterschied von 3,3 Punkten ausmacht, bei einer Variation des IQ-Bereichs zwischen IQ 80 und IQ 140. Das ist etwas grundsätzlich anderes, als alle bisher bekannten Ergebnisse über Zusammenhänge zwischen IQ und Genen!

In einer zweiten Veröffentlichung interpretierten Davis et al. (2015b) einen Raven-IQ-Unterschied von 17 Punkten im Perzentilbereich von 25 bis 75. Dabei trug der Unterschied von 6 DUF1220-Kopien des Stammes CON1 je 2,8 IQ-Punkte pro Kopie bei, der Unterschied von 24 DUF1220-Kopien des Stammes HLS1 je 0,7 IQ-Punkte pro Kopie bei. Da in der Stichprobe die diploide CON1-Kopieanzahl zwischen 54 und 78 lag und die diploide HLS1-Zahl zwischen 125 und 225, ergibt sich daraus eine IQ-Variation von rund 70 IQ-Punkten sowie die Schlußfolgerung, daß jede DUF1220-Kopie mehr oder weniger mit dem IQ korreliert ist.

Dennoch ist kein Anlaß zu überschwenglichem Jubel gegeben. Der Verlag hätte dieses Buch hier bereits ein volles Jahr früher drucken können. Doch warteten der Verfasser und Verlag vergeblich auf weitere Ergebnisse des Sikela-Labors oder bestätigende Ergebnisse aus anderen Labors. Wir hatten uns bereits im Januar 2015 mit führenden Labors in aller Welt in Verbindung gesetzt und wissen deshalb, daß man bestrebt ist, die Sikela-Ergebnisse zu replizieren und auszuweiten. Doch die technischen Schwierigkeiten der Sequenzierung in der Chromosomenregion 1q21 übersteigen alles Bekannte. Longread-Verfahren, mit denen man sicher und genau sequenzieren kann, sind erst in der Entwicklung (Chaisson et al. 2015), doch davon hängt alles weitere ab. Bislang fehlen Daten, mit den sich die Vererbung der Zahl der DUF1220-Kopien und eines hohen IQ in Familien belegen ließe, geschweige denn repräsentative Populationsdaten. Auf letztere wird man noch Jahre warten müssen.

Bisher kann man nur die Menge, die Anzahl, der DUF1220-Kopien bestimmen und selbst das nur mit einem Meßfehler, aber nicht die jeweilige Lokalisation innerhalb der NBPF-Gen-Familie. Zusammenhänge mit Schizophrenie und Autismus (Silberman 2016) liegen nahe (Davis et al. 2015b), wenn die Kopien auf den beiden DNA-Strängen ungleichgewichtig verteilt sind und sich Dissonanzen ergeben. Dieses Risiko sei der Preis unserer hohen Gehirnentwicklung, vermutet Sikela. Auch für den Zusammenhang mit dem IQ dürfte die Lokalisation der DUF1220-Kopien von Bedeutung sein, also nicht nur ihre Menge.

Das Sikela-Laboratorium scheint wenig geneigt, seinen methoden-technischen Stand mit anderen Laboratorien zu teilen. Der Alpha-Mensch Sikela ist umgeben von jungen und wechselnden Mitarbeitern, deren statistisches Können und psychometrisches Wissen Wünsche offenläßt. 2013 hat Sikela für die Methode, das Autismus-Risiko anhand der Zahl der DUF1220-Kopien zu bestimmen, ein US-Patent beantragt und 2014 erteilt bekommen.[16] Da er darin bereits den Zusammenhang mit dem IQ beschreibt, könnte man als Jahr der IQ-Gen-Entdeckung auch 2013 oder 2014 setzen, da auch die Publikation vom Januar 2015 (Davis et al. 2015a) seit Oktober 2014 elektronisch zugänglich war.

Wenn wir davon ausgehen, daß die Ergebnisse des Sikela-Labors bestätigt werden, bleibt zu beantworten, wie es möglich ist, daß die Vererbung des IQ durch ein einfaches Ein-Locus-Zwei-Allele-Modell (McGuffin und Huckle 1990) beschrieben und Häufigkeiten mit dem Hardy-Weinberg-Gesetz berechnet werden können. Wenn sich die fast 300 Kopien des DUF1200 wie 300 additive Allele verhalten, dann entsteht eine langgestreckte Verteilung der Wirkungen, die man als Binomialverteilung auffassen und entsprechend zerlegen kann. Das Hardy-Weinberg-Gesetz ist nichts weiter als eine Anwendung der Binomialverteilung. Es gab schon vor Jahrzehnten Forscher, die dem IQ eine oder mehrere Allelserien mit mehr als zwei Allelen unterstellten (Hurst 1932; Bowles und Pronko 1960), aber ohne irgendwelche empirischen Belege konnte kein Mensch eine Serie mit mehreren hundert Allelen als Hintergrund des IQ annehmen. So einzigartig die Leistung unseres Gehirns sein kann, so einzigartig sind auch die Grundlagen dafür.

Die Unterschiede in der Kurzspeicherkapazität als eigentliche Basisgröße des IQ

Spricht man einem Erwachsenen eine Reihe von einsilbigen Worten vor, also etwa Pferd, Kuh, Schaf usw. – jedes Wort nur einmal und etwa im Abstand von einer Sekunde –, und fordert die Versuchsperson auf, die Worte zu wiederholen, dann stellt sich heraus, daß sich ein Erwachsener im Durchschnitt in der Regel sieben Worte merken kann, höchstens aber neun, bei einem niedrigen IQ hingegen nur fünf. Diese Gedächtnisspanne umfaßt bei kleinen Kindern nur zwei oder drei Worte und wächst dann bei intelligenten Kindern etwa alle zwei Jahre um ein Wort an. Es war der Psychologe Piaget, der erkannte, das Ausreifen des Denkens bei Kindern hänge mit dem Wachsen der Gedächtnisspanne ursächlich zusammen. So groß wie die Gedächt-

---

16 US 20150232927 A1

nisspanne ist, so viele Elemente kann ein Mensch gleichzeitig in eine Beziehung zueinander setzen. Je größer die Gedächtnisspanne ist, desto komplizierter Denkvorgänge werden möglich. Hochintelligente Kinder haben schon bei Beginn der Schule eine Gedächtnisspanne von fünf; eine Menge also, die weniger intelligente Menschen auch als Erwachsene nicht übertreffen. Die Denkmöglichkeiten lassen sich aber nicht nur durch Tricks, sondern auch durch Lernen und Üben über die einfache Gedächtnisspanne hinaus erweitern. Wiederholt man die einsilbigen Worte Pferd, Kuh, Schaf usw., dann kann sich die Testperson einen Bauernhof vorstellen, in den sich die Tiere einordnen, und mit dieser bildlichen Vorstellung lassen sich dann die Einzelelemente lückenlos wieder abrufen und die Spanne scheinbar erweitern. Auf der Bildung solcher durch Übung verbundenen Zusammenhänge, die sich dann im Gedächtnis nicht mehr wie verschiedene Elemente, sondern nur als ein einziges darstellen, beruhen alle höheren Denkvorgänge. Der Mathematiker kann komplizierte Denkoperationen vollziehen, weil für ihn mehrere einfachere Elemente so zu einer neuen Einheit verschmolzen sind, daß er sie als logische Ketten so handhaben kann, wie ein Kind einsilbige Worte. Auch der Autofahrer hat für überraschende Situationen durch seine Erfahrungen schon eine Reaktion automatisiert, die sein Denken nicht voll besetzt, sondern noch Entscheidungsraum läßt.

Personen mit hohem IQ verarbeiten die Information im Gehirn sehr schnell und brauchen für die Lösung einer Testaufgabe *wenig* Zeit; Personen mit niedrigem IQ „haben eine längere Leitung", wie es umgangssprachlich heißt, und brauchen deshalb für die Lösung einer Testaufgabe *viel* Zeit. Die *kurze* Zeit und der hohe IQ haben demzufolge eine *niedrige* Streuung, die *lange* Zeit und damit der niedrige IQ eine *hohe* Streuung. Durch die hohe Denkgeschwindigkeit werden in gleicher Zeit von Personen mit hohem IQ in der vorgegebenen Zeit insgesamt mehr Testaufgaben gelöst als von den weniger Intelligenten.

Wenn man sehr einfache Aufgaben stellt, zum Beispiel Spielkarten nach Zahl oder Farbe sortieren läßt, oder einfach aus einer Buchstabenreihe heraus, etwa a a b a b a b b a, alle b mit größtmöglicher Geschwindigkeit anstreichen, zufällig im Raum angeordnete Zahlen in aufsteigender Folge anstreichen (wie im Zahlen-Verbindungs-Test von Oswald und Roth) oder schlicht und einfach Äpfel und Birnen getrennt sortieren läßt, dann war schon lange aufgefallen, daß die Hochintelligenten sehr gute Arbeitsergebnisse erzielen, die weniger Intelligenten mäßige oder schlechte Ergebnisse. Die Aufgaben, wie etwa ein Kreuz von einem Kreis zu unterscheiden, sind dabei so einfach, daß man zum Lösen der Aufgabe keine besondere Vorbildung braucht. Solche Aufgaben nennt man elementare kognitive Tests. So einfach sie sein mögen, die dabei verlangten Leistungen spielen im gesamten

Berufsleben eine große Rolle, und die komplizierteren geistigen Leistungen sind oft nur eine Kombination verschiedener einfacher.

In der Nachrichtentechnik fand man die grundlegende Bedeutung der Kanalkapazität heraus, wobei man das Bit als Maß für den Informationsgehalt verwendet. Eine einfache Alternative zwischen zwei Möglichkeiten, a oder b, hat den Informationsgehalt von 1 Bit. In den 1950er Jahren ging der Physiker Helmar Frank (1933–2013) von einer Analogie zwischen menschlicher und technischer Nachrichtenverarbeitung aus. Er sollte bestimmen, wieviel Information ein Mensch bei einer komplexen Kunstdarbietung, etwa bei einem Bühnenbild, überhaupt aufnehmen und gedanklich verarbeiten kann. Frank hatte den Einfall, die Durchlaßfähigkeit und Lernfähigkeit unseres Verstandes als Kanalkapazität zu begreifen, und er definierte die Speicherkapazität C des Kurzzeitgedächtnisses (gemessen in Bit) als das Produkt aus der Informationsverarbeitungsgeschwindigkeit S (in Bit pro Sekunde) und der Gedächtnisspanne D (in Sekunden), also:

$$C \text{ (Bit)} = S \text{ (Bit/sec)} \times D \text{ (sec)}$$

Die Kapazität des Kurzspeichers als ein Maß der Geistesgegenwart bestimmt die Allgemeine Denkkraft. Während der IQ eine Größe ist, die auf den Mittelwert einer bestimmten Bevölkerung bezogen ist, ist C eine absolute physikalische Größe und damit dem IQ als Maß eigentlich weit überlegen. Die IQ-Definition ist aber rund ein halbes Jahrhundert älter und bei Vergleichen innerhalb von Bevölkerungen anschaulich und bewährt; C hingegen ermöglicht Berechnungen des Energieverbrauchs beim Denken.

Die Informationsverarbeitungsgeschwindigkeit S läßt sich z. B. als Lesegeschwindigkeit oder als Wahlreaktionszeit einfacher Handlungsalternativen meßbar machen. Siegfried Lehrl (geb. 1943) und seine Mitarbeiter gaben einen Kurztest der Allgemeinen Intelligenz (KAI) heraus, bei dem die Lesegeschwindigkeit gemessen wird, indem die Testpersonen aufgefordert werden, einfache Zufallsfolgen von Buchstaben mit größtmöglicher Geschwindigkeit zu lesen. Die Beziehung der Kurzspeicherkapazität des Arbeitsgedächtnisses C zum IQ besteht unabhängig davon, ob die Information mit Augen oder Ohren aufgenommen wird. Der hochintelligente Blinde liest, d. h. tastet und verarbeitet die Information doppelt oder dreimal so schnell wie ein wenig intelligenter Blinder. Der Test für die andere Basisgröße, die Gedächtnisspanne, ist im Kurztest für Allgemeine Intelligenz (KAI) das Verfahren, was uns seit fast 100 Jahren als Teiltest aus vielen IQ-Tests bekannt ist.

Auf diese theoretisch und empirisch sehr gut begründete Ausweitung folgten eine ganze Serie von Arbeiten, in denen Beziehungen der

Kurzspeicherkapazität zur Energie-Spektraldichte des EEG bei evozierten Potentialen und zum Energiestoffwechsel des Gehirns gezeigt werden konnten. Sie folgen den Gesetzen der Statistischen Mechanik und sind deshalb unter Fachleuten als „Quantenmechanik der Intelligenz" bekannt. Denn Gene kann man auch als Steueranweisungen für Energiequanten verstehen, die im Stoffwechsel wirksam werden. Das EEG besteht aus Wellen, und Wellen und Quanten sind Grundbegriffe der Physik. Wladimir T. Liberson (1904–1994) vertrat seit 1936 die Meinung, die EEG-Wellen seien das Vielfache einer Grundfrequenz um 3,3. Wenn die Gedächtnisspanne die Quantenzahl ist, dann muß man nach der Planckschen Formel diese Zahl mit der Frequenz multiplizieren und erhält die Energiedichte. Die Gedächtnisspanne erweist sich somit als das Wirkungsquantum des Gedächtnisses, des Denkens und der Intelligenz. Da nach dem Landauer-Prinzip für die Messung von 1 Bit die Energiemenge kT ln2 erforderlich ist, ist die physikalische Maßeinheit für die Spalten c, e, f und g identisch.

Die Gedächtnisspanne (die der Anzahl der Harmonischen des EEG entspricht), die Frequenz der Harmonischen des EEG, die Informationsverarbeitungsgeschwindigkeit und ihre Beziehungen mit der Informationsentropie, der Energiedichte der Speicherkapazität des Kurzzeitgedächtnisses und dem IQ

a	b	c	d	e	f	g	h
Gedächtnisspanne	EEG Harmonische	Informationsverarbeitungsgeschwindigkeit		Informationsentropie	Energiedichte	IQ	
n	f	$E = nf$	bits/s	bits	bits	$E = n^2\,2\Phi$	
$n \times 1s$	Hz	$kTln2$		$kTln2$	$kTln2$	$kTln2$	
9	29	261	29	261	234	262	146
8	23	184	25	200	190	207	139
7	21	147	24	168	154	159	133
6	17	102	18	108	112	116	118
5	13	65	14	70	68	81	93
4	10	40	10	40	42	52	78
3	6,5	19,5	9	27	36	29	76
2	5	10	3	6	11	13	65
1	–	–	–	–	–	3	—

Spalte b: Empirische Daten von Liberson (1985)
Spalte c: Produkt aus Spalte b x n
Spalte e: Produkt aus Spalte d x n
Spalten a, d, f und h: Empirische psychometrische Daten von Lehrl et al. (1991). Eine Stichprobe von 672 Probanden war getestet worden, um diesen Test zu standardisieren.
Spalte g ist rein theoretisch.

Der Resonanzpunkt, der den Eigenwerten und Nulldurchgängen eines Wellenpakets (Wavelets) des EEG entspricht, stimmt nicht mit der Grundfrequenz (also der ersten Harmonischen) überein, sondern mit der halben Grundfrequenz. Wenn wir die Grundfrequenz mit 3,236 Hz annehmen (was mit den empirischen Daten vereinbar ist), dann ist die halbe Frequenz 1,618 Hz, der Goldene Schnitt Φ.

Wenn der Zusammenhang der Duplizierung des Proteins DUF1220 mit dem IQ bestätigt wird, dann sollte die Einordnung des Proteins DUF1220 in die NBPF-Gen-Familie nicht nur durch Zufälle bestimmt sein, sondern einer höheren Ordnung unterliegen, die auf die Maximierung der Resonanz innerhalb der DNA[17] und den von ihr aufgebauten Strukturen hinausläuft (Rapoport 2016, 159).

Ein IQ-Unterschied zwischen IQ 94 und IQ 130 führt zu der Vorstellung, es bestände ein Unterschied von etwa 36 %; also etwa vergleichbar dem Unterschied zwischen zwei Menschen, der eine 1,50 m, der andere 1,85 m, die bei gemeinsamem Sportunterricht schon gewisse Probleme haben. Der tatsächliche Unterschied der geistigen Leistungsfähigkeit zwischen IQ 94 und IQ 130 beträgt aber 70 zu 140 Bit Kurzspeicherkapazität, also das Doppelte; d. h. auf die Körpergröße übertragen: Neben dem einen Menschen von 1,80 m stehen 13 von 0,90 m und sechs von 1,35 m. Kein vernünftiger Lehrer würde mit so unterschiedlichen Schülern allzulange in einer einzigen Klasse Volleyball spielen oder Kugelstoßen veranstalten; das aber entspricht der wirklichen Größenordnung in den Unterschieden der geistigen Leistungsvoraussetzungen.

---

17 Perez, Jean Claude: DUF1220 Homo sapiens and Neanderthal fractal periods architectures breakthrough. 33 Seiten. Eingereicht zur Veröffentlichung bei Interdisciplinary Sciences: Computational Life Sciences am 14. April 2017

LEISTUNGSMESSUNG ALS VORAUSSETZUNG EINER LEISTUNGSGESELLSCHAFT

Leistungsmessung als Voraussetzung einer Leistungsgesellschaft

Jahrhundertelang blieb es das Ziel des reichen Bürgers, Landgüter aufzukaufen und seine Töchter an Adlige zu verheiraten, um die Chancen seiner Familie zu erhöhen, geadelt zu werden und stärker an der politischen Macht teilzuhaben. Wenn ein wohlhabender Bürger sein Vermögen durch sein erfolgreiches Suchen nach einem wohlhabenden Schwiegervater gemehrt hatte, waren die Aussichten groß, daß seine Frau nicht nur Geld, sondern auch eine überdurchschnittliche Denkkraft als Mitgift einbrachte. Auch deshalb zeichnete sich die herrschende Klasse durch eine etwas überdurchschnittliche Intelligenz aus. Ihre Kinder hatten stets die bessere Bildung und erbten Titel, Vorrechte und Vermögen. Da der Zugang zu höherer Bildung eher vom ererbten Vermögen als von der angeborenen Intelligenz abhing, konnte auch eine Denkkraft mittelmäßiger Ausprägung, veredelt durch einen akademischen Grad, noch zur Ausübung öffentlicher Ämter im ständischen Staat genügen.

Hingegen sind die bürgerlichen Industrienationen durchweg Leistungsgesellschaften, in denen man in der Statushierarchie durch persönliche Leistungsnachweise aufsteigen kann. In jeder Generation muß dieser Platz in der Statushierarchie neu erworben oder wenigstens bestätigt werden, wenn es nicht zum sozialen Abstieg kommen soll. Dieser Platz ist somit *nicht erblich*.

Der Ausgangspunkt des gegliederten Schulwesens in Volksschul-, Berufs- und Gelehrtenbildung läßt sich in den Standesschulen des 16. und 17. Jahrhunderts finden. Die Volksschulen unterrichteten die Kinder des einfachen Landvolks und die ärmeren Stadtbewohner. Die deutschen Schulen in den Städten richteten sich in der Regel an die städtische Mittelschicht. Auf die Lateinschule und später auf das Gymnasium gingen die Kinder der sozialen Oberschicht. Ein Teil von ihnen studierte anschließend an einer Universität. Wer in welche Schule eintrat, das war durch den Stand der Eltern bestimmt. Von der Regel gab es jedoch Ausnahmen. Stiftungen sahen es als ihre Aufgabe an, die Ausbildung und das Studium von hochbegabten Kindern aus unbemittelten Familien zu fördern.

Erst im 18. Jahrhundert strebten die Schulen durch strengere Leistungsanforderungen nach Ansehen. Der Staat begann, bestimmte Forderungen an die Tüchtigkeit seiner Beamten zu stellen. Das Schulwesen der deutschen Länder erreichte, daß 1840 bereits 91 % aller Rekruten lesen und schreiben konnten. Das Reifezeugnis wurde zur Voraussetzung für ein Studium und das Leistungsprinzip maßgebend für den sozialen Aufstieg. Um 1900 ist dieser Vorgang noch keineswegs abgeschlossen, denn um diese Zeit studierten insgesamt noch nicht einmal 1 % eines Altersjahrganges.

Dennoch waren schon etwa ab 1900 die vordem günstigen Rahmenbedingungen für ein stetiges Wachstum der Berufe mit höheren Bildungsanforderungen nicht mehr gegeben. Das Stellenangebot für die Absolventen der Universitäten wuchs, aber nur noch mäßig. Auch die Frauen, die seit 1909 über die Reifeprüfung zu einem Studium gelangen konnten, begannen den Männern Konkurrenz zu machen

Um die Leistungen der Schüler vergleichen zu können, strebte man danach, die Zensuren auf einen Grundwert zu beziehen. Ihren Höhepunkt erreichte diese Entwicklung mit dem Zentralabitur, wie es zum Beispiel in Sachsen üblich wurde. In der Geschichte der Messung der geistigen Leistungsfähigkeit läßt sich diese Entwicklung der Leistungsbewertung in der Schule nicht von der Entwicklung von Intelligenztests trennen. Schritt für Schritt wurden Zensuren, Prüfungen und schließlich Tests zu Instrumenten der Leistungsmessung entwickelt. Die gemessene Leistung sollte in Anlehnung an den naturwissenschaftlichen Leistungsbegriff die Auswahl für bestimmte Berufe, Laufbahnen und Stellungen ermöglichen. Nur gab es die massenhafte Erteilung von Schulzensuren fast ein Jahrhundert früher. Wenn man Schulnoten wichtet (zum Beispiel Mathematik mehrfach in eine Gesamtnote eingehen läßt) und so für den Schüler einen Gesamtwert errechnet, der wiederum auf eine Gesamtverteilung normiert werden kann, so hat ein solcher Schul-IQ-Wert den gleichen Vorhersagewert wie ein guter Intelligenztest und ähnliche Mängel. Denn die Mängel der Schulzensuren kennen wir alle.

Bis ins 18. Jahrhundert läßt sich eine weitgehende Selbstrekrutierung der führenden Gesellschaftskreise feststellen. Doch war der Aufstieg in mittlere Stellungen, für die Lesen und Schreiben erforderlich waren, schon keine Seltenheit mehr. Überall in Europa bildeten sich im 18. Jahrhundert kleine Funktionseliten heraus, die sich durch ihr Fachwissen unentbehrlich machten. Durch die Ausdehnung des Bildungswesens nach 1860 wurde es für begabte Söhne aus den

Schichten des Mittelstands möglich, weiterführende Schulen zu besuchen. Eine besondere Bedeutung für das aufstrebende Bürgertum eines jungen Industriestaates hatte der Einjährig-Freiwilligendienst, für den die Sekundarreife als Voraussetzung galt. Damit wurden wichtige Jahre für einen frühen Start ins Berufsleben und zur Familiengründung gewonnen.

Was zählte bei den Millionen, die in der zweiten Hälfte des 19. Jahrhunderts in die Städte und stadtnahen Dörfer gespült wurden? Ihre Arbeitskraft, ihre Anpassungsfähigkeit an eine Reihe verschiedener und teilweise bereits qualifizierter Tätigkeiten und damit zunehmend ihre Denkkraft. Je stärker die Ausbildung als eine Ausbildung zum denkenden Menschen verstanden wurde, desto stärker richtete sich die Aufmerksamkeit auf die natürliche Intelligenz der Auszubildenden. Aber erst in der zweiten Hälfte des 19. Jahrhunderts wurden Intelligenzunterschiede Gegenstand von wissenschaftlichen Untersuchungen. Die Anregung dazu ging von der Evolutionstheorie Charles Darwins (1809–1882) aus, der behauptete, daß die Weitergabe der vererbten Denkkraft in der Evolution ein entscheidender Schritt gewesen sei, der die äffischen Vorfahren des Menschen von den anderen Affen zu trennen begann. Sir Francis Galton (1822–1911) griff die Anregung auf und setzte sich das Ziel, die Behauptung zu beweisen. In seinem Buch „Hereditary Genius" (deutsch 1910) belegte er mit biographischen Daten führender Familien, wie sich das geistige Leistungsvermögen in den Familien fortpflanzt. Er stellte damit eine umstrittene Verknüpfung zwischen Denkkraft und Vererbung her, die bis heute nicht an Zündstoff eingebüßt hat.

Um 1870 begann der Aufbau eines Hilfsschulwesens. Das um 1900 von Joseph Anton Sickinger (1858–1930) eingerichtete Mannheimer Schulsystem teilte die Kinder in Haupt-, Förder- und Hilfsschulklassen ein.

Hermann Ebbinghaus (1850–1909) war 1897 von den Schulbehörden mit der Untersuchung der Schüler beauftragt worden, die durch rasche Ermüdung im Unterricht auffielen. Für seine Zwecke setzte er Additions- und Multiplikationsaufgaben ein, prüfte das Gedächtnis im Behalten und Niederschreiben von Zahlen und erfand den Lückentest, der die Kombinationsfähigkeit untersuchen sollte und noch heute Bestandteil zahlreicher Intelligenztestbatterien ist.

D.. bed..tendsten Bei... nach Galton und noch ... Binet vollb... te Ebbing... Er war von ... Schulbeh...den mit der ...tersuchung der S...ler, die durch rasche Er...dung im Unterr... auffielen, beauft... worden. Sie haben soeben einen Kurz-Lückentest nach Ebbinghaus absolviert.[18] Tatsächlich korrelierte der Test sehr hoch mit der Rangfolge der Schüler in den Klassen, und der Test erfaßt das, was wir heute als Informationsgeschwindigkeit bezeichnen, ist aber zugleich eine Funktion des Wortschatzes des Getesteten.

Eine französische Regierungskommission beauftragte Alfred Binet (1857–1911) mit der Entwicklung eines Testverfahrens, um damit Minderbegabte in Hilfsschulen einweisen zu können. 1905 legte er gemeinsam mit Théodore Simon (1872–1961) die erste Version des Binet-Simon-Intelligenztests vor, der Aufgaben enthält, bei denen Analogien zu erfassen und Ordnungen zu erkennen sind.

Charles Spearman (1863–1945) gelang 1904 ein weiterer Durchbruch. Er stellte fest, daß die Schüler, die sehr gute Intelligenztestwerte aufwiesen, auch in allen schulischen Leistungen, mit Ausnahme von Musik, Zeichnen und Sport, zu den besten gehörten. Er fand heraus, daß es nahezu unmöglich war, Aufgaben zur Messung von intellektuellen Leistungen auszudenken, die nicht positiv korreliert waren mit anderen Aufgaben, die auch irgendeine intellektuelle Leistung erfaßten. Warum sind fast alle Korrelationen positiv, fragte sich Spearman: Weil sie dieselbe allgemeine Eigenschaft verlangen. Bei fast jeder Zusammenstellung von Intelligenz- oder Schulleistungstests erhält man mit Spearmans Methode Hinweise auf einen ganzheitlichen Faktor, den er im Englischen „g" (general intelligence) nannte, d. h. „Allgemeine Intelligenz".

Ernst Meumann (1862–1915), Leiter des Instituts für experimentelle Psychologie und Pädagogik in Hamburg, brachte in Deutschland Kenntnis und Auswertung von Intelligenztests frühzeitig voran. Bereits 1912 erkannte er: *„Aber die Zahlen ... reden eine deutliche Sprache. ... daß wir schon jetzt zusammenfassend als feststehende Tatsache annehmen können, daß die internationale Prüfung der Normalbegabung mit den Binet-Simon-Tests eine absolute intellektuelle Abhängigkeit des Kindes von der sozialen Lage der Eltern zeigt!"*[19]

Als die USA 1917 in den Ersten Weltkrieg eintraten und innerhalb kurzer Zeit ein Massenheer aufstellen mußten, kam es erstmals zum massenhaften Einsatz von Intelligenztests mit dem Ziel, Rekruten einzustufen. Innerhalb weniger Jahre wurde „IQ" ein Bestandteil der amerikanischen Umgangssprache, und bis heute ist „IQ" weltweit ein allgemeinverständliches Kürzel für Denkkraftunterschiede geblieben.

Die Anforderungen eines Massenheeres im Krieg begünstigten 1915/16 das Auftauchen der Kampfparolen „Aufstieg der Begabten" und „Freie Bahn für alle Tüchtigen". Die zur Blüte reifende bürgerliche Leistungsgesellschaft strebte danach, die Begabten aus allen

---

18 Zitiert nach Ebbinghaus 1897 in Weiss 2012, 71
19 Nach Meumann 1913 in Weiss 2012, 41

Sozialschichten auszusieben und für den Beruf auszubilden. Spiegelbildlich zur Begabtenauslese forderte man Hilfsschulen für schwachbefähigte Kinder.

Als Muster einer Leistungsgesellschaft begriff sich die Zeit des Nationalsozialismus: *„Die Schule des Dritten Reiches soll eine Leistungsschule sein. ... Der Verfall unseres Bildungswesens und die Verlotterung der Leistung unter dem Einfluß des Marxismus als eine wahre Lehre der Faulen ... müssen gründlich überwunden werden."*[20]

Der Binet-Simon-Test war 1911 erstmals von Otto Bobertag (1879–1934) für den deutschen Sprachraum angepaßt worden. Diese deutschen Bearbeitungen wurden von den Hilfsschullehrern sehr begrüßt und bei den Umschulungsverfahren in die Hilfsschule eingesetzt. Doch 1934 erschien in der Fachzeitschrift für die Hilfsschullehrer ein langer programmatischer Aufsatz gegen die Verwendung des Binetariums. Sowohl für die Einweisung in Hilfsschulen als auch für die Abgrenzung des Schwachsinns im Anwendungsbereich des Erbgesundheitsgesetzes galt jedoch eine Überprüfung der Denkkraft als unerläßlich. Zu diesem Zweck verwendete man unter anderem auch den Binet-Test. Für die Einweisung in Hilfsschulen strebte man danach, eigene Gruppenverfahren zu entwickeln, und lehnte *„grundsätzlich die Berechnung eines Intelligenzquotienten und die Festlegung auf ein starres System, z. B. Binet-Simon, ab"*.[21]

1911 besuchten in Deutschland 0,3 % aller Kinder eine Hilfsschule, 1931 0,9 %, 1994 4,3 % und 2002 4,8 %. Der Gesamtanteil der „Kinder mit sonderpädagogischem Förderbedarf", so lautet heute die Terminologie, belief sich 2006 auf 5,8 %. Das sind in Deutschland rund eine halbe Million Schüler. Für die Überweisung in eine „Förderschule" wurden und werden auch IQ-Tests eingesetzt: In Nordrhein-Westfalen hatten die Hilfsschüler einen mittleren HAWIK-IQ von 79, die Regelschüler den mittleren IQ 95[22]; in Hamburg wurden um 1980 bei Hilfsschülern IQ-Mittelwerte um 74 gemessen.

Mütter, die Kinder von sechs Jahren und älter im schlechtesten Dezil der IQ-Verteilung hatten (also unter IQ 80), hatten selbst einen mittleren IQ von 81. In der Humangenetik wird in diesem Grenzbereich immer noch mit dem Begriff „erblicher Schwachsinn" argumentiert. Dahinter verbirgt sich eine große Anzahl von Genen, bei denen der normale Stoffwechsel gestört sein kann und bei denen dann bestimmte Allele in doppelter Dosis zu beträchtlichen geistigen Ausfallserscheinungen führen können, nicht selten auch zusammen mit körperlichen Ausfällen und Mißbildungen. In den letzten Jahren ist

---

20 Zitiert nach Furck 1961 in Weiss 2012, 52
21 Zitiert nach Lenz und Tornow 1942, 18 in Weiss 2012, 79
22 Topsch 1975 in Weiss 2012, 298

es gelungen, bei einer immer größer werdenden Zahl von genetischen Defekten den genauen biochemischen und genetischen Mechanismus aufzudecken, so daß die Restgruppe „erblicher Schwachsinn", für die die Ursache noch immer unklar ist, von Jahr zu Jahr kleiner wird und mit dem weiteren Fortschreiten der humangenetischen Forschung ganz verschwinden sollte.

Migrantenkinder haben ein 2,5 Mal höheres Risiko, Hilfsschüler zu werden[23], und weisen einen Hilfsschüleranteil von um 15 % auf. Insgesamt gilt: Die Schüler der Hilfsschulen entstammen fast ausschließlich der Unterschicht (zu 98 %) und dem Armutsmilieu. Der Mittelwert verdeckt große regionale Unterschiede und Unterschiede zwischen den Städten und Einzugsgebieten der Schulen. In Großstädten ist *„jeder Schule mindestens ein Gebiet zugeordnet, in dem mehr Sonderschul- als Hauptschulfamilien wohnen. ... Die Familien mit Sonderschülern leben tatsächlich in ‚gezeichneten' Gebieten. ... Die Berufe der Väter der ‚Lernbehinderten' sind in der Sozialschichtung im Durchschnitt deutlich niedriger einzustufen als die der Hauptschülerväter."[24]*

Für die Berechnung des IQ-Mittelwertes eines Landes ist der Anteil der Hilfsschüler durchaus von Belang. Bei den PISA-Studien werden die Hilfsschüler nicht mit in die Stichproben einbezogen, und solange der Prozentsatz dieser Schüler in allen Ländern niedrig ist und die Maßstäbe ähnlich sind, wird das zu keinen großen Verzerrungen führen. Wenn aber, wie gegenwärtig in Deutschland, der Anteil der Sonderschüler mit einem mittleren IQ von 75 6 % beträgt und 94 % der Schüler einen mittleren IQ von 100 haben, dann ist der wahre Mittelwert des Landes nicht mehr der IQ 100, sondern der IQ 97,5. Und wenn der Mittelwert der 94 % auch nicht mehr der IQ 100 ist, sondern der IQ 97, dann hat unser Land nur noch einen mittleren IQ von 95. Die Nicht-Einbeziehung der Hilfsschüler oder Förderschüler in IQ-Tests und manche internationale Bildungsstudien verdeckt Veränderungen, die in den Sozialstatistiken (Prozentzahlen der Sozialhilfeempfänger; Personen ohne Schulabschluß usw.) zutage treten.

Die egalitäre Ideologie gerät bei den „Förderschulen für geistig Behinderte" in eine Zwickmühle. Ein Teil der Schüler besucht diese Schulen wegen klar definierter genetischer Defekte. In vielen Fällen sind das seltene oder sehr seltene rezessive Syndrome. Auf den Personalbögen der Schüler stehen die Diagnosen der Humangenetiker und der Kinder- und Jugendpsychiater, woraus sich eine medizinische Prognose und manchmal eine Behandlung mit Teilerfolgen ergibt. Inzwischen kennt man aber auch Schwachsinnsformen, die durch keinerlei

---

23 Kottmann 2006 in Weiss 2012, 298
24 Zitiert nach Begemann 1970 70 f. in Weiss 2012, 298

äußere Merkmale gekennzeichnet sind und nur molekulargenetisch diagnostiziert werden können. Jahr für Jahr werden neue Schwachsinnsformen und Persönlichkeitsstörungen entdeckt und beschrieben. Dennoch ist das akademische Establishment der Sonderschulpädagogik bestrebt, die Intelligenzminderungen bei vielen Förderschülern auf soziale Ursachen zurückzuführen und möglichst nur darauf. Wer nur soziale Ursachen der kognitiven Minderleistung sehen will und nicht auch genetische, der schiebt die gesamte Schuld auf die Eltern, die Erzieher und das Umfeld, denen damit dauerhaftes Versagen vorgeworfen und damit in vielen Fällen bitteres Unrecht angetan wird.

1945 veröffentlichten Harrell und Harrell eine Umrechnung der Testwerte des Army General Classification Tests (GCT) von 1917 in die nun übliche IQ-Skala. Die Rekruten waren nach ihrer Beschäftigung vor der Einberufung befragt worden, und es ergab sich folgendes Bild:

Ausgewählte Berufe und IQ-Mittelwerte von US-Rekruten der Luftstreitkräfte 1917 – Weiße Männer

Beruf	IQ-Mittelwert	Standardabweichung
Bankangestellter	128	12
Rechtsanwalt	128	11
Ingenieur	127	12
Chemiker	125	14
Buchhalter	120	13
Kassierer	116	12
Laborassistent	113	15
Maschinist	110	16
Elektriker	109	15
Möbeltischler	104	16
Fleischer	103	17
Klempner	103	16
Weber	97	18
Lastkraftwagenfahrer	96	20
Holzfäller	95	20
Bauer	93	22
Landarbeiter	92	21
Bergarbeiter	91	20
Gespannführer	88	20

Da für das Bodenpersonal der Luftstreitkräfte bereits eine gewisse Vorauswahl getroffen worden war, sind die Mittelwerte der Berufe mit dem niedrigsten IQ höher als in der Grundgesamtheit aller Rekruten.

Engelbrecht veröffentlichte 1994 Ergebnisse[25] der Nürnberger Bundesanstalt für Arbeit für 92 Ausbildungsberufe (also Berufe ohne aka-

---

25 Engelbrecht 1994 in Weiss 2012, 74

demische Grade). 30.477 Haupt- undRealschüler waren nach dem Schulabschluß getestet und nach Abschluß der Ausbildung den Berufen zugeordnet worden. Sehr schön zeichnet sich die Berufsgruppe der Mechaniker, Techniker, Elektroniker, Laboranten, Zeichner und Schriftsetzer ab, die alle zu den Berufen mit einem mittleren IQ zwischen 105 und 115 gehören.

Daß die Standardabweichung bei den Berufen mit einem hohen IQ-Mittelwert niedriger ist als im unteren Teil der Tabelle, konnte in allen Untersuchungen bestätigt werden. Einzelne Personen mit sehr hohem IQ gibt es in allen Berufen, teils bedingt durch die Umstände, teils aus freier Entscheidung der Personen. Die angeführten Mittelwerte sind keine Konstanten, sondern hängen jeweils von den Anforderungen des Arbeitsmarktes zu einer bestimmten Zeit ab und vom erreichbaren Einkommen. In allen Ländern schneiden Bankangestellte, promovierte Physiker und Mathematiker sowie Manager großer Firmen in Intelligenztests am besten ab und bilden die IQ-Spitzengruppe.

Wie wir alle erleben, schützt uns diese ausgezeichnete Denkkraft führender Persönlichkeiten keineswegs vor Finanz- und Wirtschaftskrisen. Das läßt nur den Schluß zu, daß es zyklische Abläufe des Wirtschaftslebens geben muß, die sich entweder grundsätzlich einer bewußten Steuerung entziehen oder so kompliziert sind, daß auch die Intelligenz der intelligentesten Menschen nicht ausreicht, schwere Krisen und Kriege zu vermeiden. Wir befürchten deshalb, daß auch die Industriegesellschaft als Ganzes auf eine Katastrophe zusteuert (siehe hierzu auch S. 158/159) und in einer demokratischen Massengesellschaft die Einsicht einer Minderheit nicht oder nicht mehr rechtzeitig in politisches Handeln umgesetzt werden kann (Hinz 2016).

Die egalitäre Utopie

Was wären wir alle ohne Hoffnung, ohne ein Ziel, für das wir arbeiten, für das wir eine Familie gründen und Kinder großziehen? Die Staatsromane der Utopisten entwerfen stets eine ideale Gesellschaftsordnung. Ihre Überlegungen scheiden sich dabei in zwei Möglichkeiten, die eine ist die politisch egalitäre, die andere die politisch organische. Dabei fällt auf, daß es nur wenige organische Utopien gibt und kaum eine, die dauerhaft Geschichte gemacht hat. Demgegenüber steht ein ganzes Bündel egalitärer Utopien, die im Marxismus und seinen Spielarten gipfeln. Bisher hat sich zwar noch jedes Reich der Gleichheit bereits vor seiner Vollendung in eine Schreckensherrschaft der Unfreiheit verwandelt, aber man glaubt, beim nächsten Mal solle es besser gelingen.

Die Umsetzung einer radikalen Gleichheitsutopie ist bisher stets nach kurzer Zeit gescheitert, in der radikalsten Phase der Französischen Revolution, nach 1917 in Rußland, in Kambodscha oder in der Kulturrevolution in China, und mußte, wenn das Regime überleben wollte, gemäßigten Versionen weichen. In der Praxis regierten bald stets Partei-Oligarchien oder Tyrannen oder beide gemeinsam, getarnt durch eine staatstragende egalitäre Scheinideologie. Man denke z. B. an die kommunistische Monarchie in Nordkorea.

Wehe dem, der es wagt, den egalitären Utopisten mit den Tatsachen zu konfrontieren. Der Utopist wird sich keinem vernünftigen Einwand beugen. Rassist, Faschist, Nazi usw. sind die Kategorien, die der Menschenfreund dem Zweifler entgegenschleudert. Und wenn er die Macht hat, wird er nicht zögern, seine Kritiker auszuschalten. Aus der Einsicht, daß man den extremen linken Standpunkt nur durch Druck und Schreckenstaten der Mehrheit aufzwingen kann und deshalb Toleranz nur in einer Richtung des politischen Spektrums angewendet werden soll, hat Marcuse sogar eine „fortschrittliche" Theorie gemacht. Ohne den Schwung ihrer Utopie werden die Gutmenschen zu alltäglichen Kreaturen. Und dennoch steckt in jeder Politik, in den wirtschaftlichen Entscheidungen und im Alltag das Element der Zukunftsentscheidung und der Utopie.

„Die Lehre von der bürgerlichen Gesellschaft ist die Lehre von der natürlichen Ungleichheit" (Riehl 1851). Überwog in der bürgerlichen Leistungsgesellschaft anfangs das Bestreben, die Schulstruktur so zu gestalten, daß die Begabten gefordert und gefördert werden, so stellten die gleichmacherischen Kräfte dem das Ziel entgegen, eine Einheitsschule zu errichten. 1903 war der Begriff der Einheitsschule von der Sozialdemokratischen Partei Deutschlands zum ersten Mal in einem Wahlkampf verwendet worden. 1929 forderte die Kommunistische Partei Deutschlands in ihrem Programm: *„An die Stelle der bisherigen Klassen- und Standesschule tritt die weltliche Einheits- und Arbeits-(Produktions-)Schule des werktätigen Volkes."*[26] Ideologische Vorkämpferin dieser Bestrebungen war die Jenaer Pädagogik-Professorin Mathilde Vaerting (1884–1977). In ihrem Buch „Die Macht der Massen in der Erziehung" (1929) lesen wir: *„Je weiter die Macht der niederen Schichten fortschreitet, um so mehr gewinnt die Einheitsschule praktisch an Boden. So finden wir heute den weitesten Ausbau der Einheitsschule in Ländern, wo die Macht der niederen Schichten am höchsten steht, in Rußland und in Amerika. ... Ganz gleiche Bildungs- und Erziehungsmöglichkeiten für alle sind erst vollkommen realisiert, wenn auch die Unterschiede des Elternhauses ausgeschaltet sind. Deshalb finden wir zu Zeiten der Machtverschiebungen ... auch stets den radikalen Gedanken der Einführung einer staatlichen Auf-*

---

26 Zitiert nach Voigt 1971, 281 in Weiss 2012, 55

*zucht der Kinder. ... Marx und Engels haben 1848 die gleiche For-
derung der Aufhebung der Familienerziehung im kommunistischen
Manifest vertreten. Heute wird von weiten Kreisen des Sozialismus
und Kommunismus wiederum der gleiche Gedanke propagiert. ...
Am ersten dahin zu rechnen sind wohl die Versuche, Schulen als Le-
bensstätten der Jugend zu schaffen, in welchen die Kinder den ganzen
Tag verbringen können."*

Die Gegenmeinung vertrat Wilhelm Hartnacke: *„Man sieht die
höhere Schule an als Scheidungsmerkmal für ‚bürgerlich' und ‚nicht-
bürgerlich', als eine wesentliche Quelle der sozialen Unterschiede.
Man sieht nicht, welcher Verwechslung von Ursache und Wirkung
man dabei unterliegt. Sie ist nicht die Ursache, sondern die Auswir-
kung einer gewachsenen sozialen Differenzierung und Arbeitsteilung.
... Es wird immer eine gewisse Schätzungsstaffel der Berufe geben, die
sich zum Teil nach der wirtschaftlichen Stellung richtet, die mit dem
Berufe jeweils verbunden ist, und nach der Bedeutung, die Macht und
Einfluß ihm verleihen. ... Wo sind die 35, 50 oder 60 Prozent Arbeiterkinder in der höheren Schule, die man erwarten muß nach der Stärke
dieser Schicht im Volksganzen? Ist die Forderung durchführbar, daß
die höhere Schule ein verkleinertes Spiegelbild der Berufsgruppen-
zusammensetzung des gesamten Volkes darstellen müsse? Offenbar
geht diese Forderung aus von der Voraussetzung, daß die Kinder aller
Bevölkerungsgruppen die gleiche Eignung zu einer höheren geistigen
Bildung mitbrächten. Ist diese Voraussetzung richtig? An der individuellen Ungleichheit der Förderungsfähigkeit ist zunächst nicht zu
zweifeln. Denn sonst brauchte es keine Hilfsschulen zu geben. Es gäbe
auch nicht die zahllosen Fälle, in denen Kinder sich trotz aller Fürsorge ... als wenig bildungsfähig erweisen, während andere schnell und
spielend ungewöhnliche geistige Höhen erreichen. ... Es ist offenbar
sinnlos, das Moment der natürlichen Begabung ausschalten zu wollen. ... Die Bedeutung der Naturanlagen schließt natürlich die oft
zum Überfluß bewiesene ganz selbstverständliche Tatsache nicht aus,
daß Bildungshöhe, Erziehungswille und Wirtschaftslage des Elternhauses von großer Mitbedeutung sind. ... Auch die geistigen Anlagen
unterliegen der Vererbung. .... Nach dem Gesetz der großen Zahl ist
die durchschnittliche Überlegenheit der Kinder der Angehörigen der
gehobenen Berufsgruppe als Tatsache anzuerkennen, ... d.h. in dem
Sinne, daß wir aus den gehobenen Berufsgruppen relativ viel mehr für
höhere Schulbahnen geeignete Kinder erwarten dürfen und müssen,
als aus den einfachen Berufsgruppen."* [27]

---

27 Zitiert nach Hartnacke 1928 in Weiss 2012, 55 ff.

Gerhard Szczesny (1918–2002) meinte: *„Das, was die Rechte von der Linken unterscheidet, ist tatsächlich nur ein einziger Aspekt: die Vorstellung hier von der zu erhaltenden und naturgegebenen, dort von der zu beseitigenden, weil nur durch die Verhältnisse bedingten, Ungleichheit der Menschen. … Die Vorstellung von der natürlichen und daher endlich zu verwirklichenden Gleichheit ist eine Menschheitsidee geworden, gegen die keine völkischen, rassischen und ständischen Vorstellungen mehr durchzusetzen sind. Wir stehen mitten im Aufstand eines Zeitalters eindeutig linker Fanatismen.“*[28]

Szczesny hatte seine Einsicht 1973 formuliert; heute – 2017 – muß jeder, der IQ-Unterschiede zwischen sozialen Schichten, sozialen Klassen, Völkern oder gar Rassen feststellt, darüber veröffentlicht oder auch nur Vermutungen dazu äußert, befürchten, als „Faschist" und „Rassist" bezeichnet und im gesellschaftlichen Leben geächtet zu werden. *„Der IQ, das Kriterium zur Messung der ‚allgemeinen Intelligenz‘, ist eine Art schmutziges Geheimnis des Kapitalismus – altmodisch, rassistisch, antidemokratisch usw.“*, liest man zum Beispiel in einem Sammelband[29] des Springer Verlags. Eine derartige Entwicklung erscheint um so unverständlicher, da diejenigen, die bis etwa 1950 die Intelligenz- und Begabungsforschung vorangebracht haben, in ihrer Mehrzahl überzeugte Sozialisten waren.

Die Soziologische Wende

1933 war der führende Mann in Deutschland auf dem Gebiet der Intelligenzforschung und insbesondere zu Fragen der Vererblichkeit der Denkkraft Professor Wilhelm Peters (1880–1963) in Jena. 1910 hatte er mit Unterstützung der Kaiserlichen Akademie der Wissenschaften in Wien eine Schulzeugnisuntersuchung begonnen. Aus ländlichen Gemeinden wurden die Zeugnisse von 1162 Kindern, 344 Elternpaaren und bei 151 Kindern die aller vier Großeltern gesammelt und ausgewertet. Peters wertete seine Daten auch darauf hin aus, ob sie vielleicht zu den Erwartungswerten einer einfachen Vererbung, also einer Mendelspaltung, passen könnten. Er kam dabei zu dem Schluß, daß man bei psychischen Merkmalen wegen der Ungenauigkeit der Zensurengebung nicht von einer einfachen Zuordnung von Genotypen zu Schulzensuren ausgehen könne, sondern nur von einer mehr oder minder großen Wahrscheinlichkeit der richtigen Zuordnung. Unter dieser Annahme kam er zu dem Ergebnis, bereits eine einfache Zwei-Allel-Hypothese erbringe eine überraschend gute Übereinstimmung mit den Erwartungen einer einfachen Mendelspaltung. Mit anderen Worten: Haben beide Eltern auf ihren Schulzeugnisse Einsen, haben

---

28 Szczesny 1973, 20 f. in Weiss 2012, 77
29 Zitiert nach Holert 2003, 225 in Weiss 2012, 78

auch die Kinder wieder Einsen. Haben beide Eltern schlechte Zensuren, haben auch die Kinder wieder schlechte Zensuren. Haben beide Eltern mittelmäßige oder leicht überdurchschnittliche Leistungen (also vielleicht eine Zwei), dann hat die Hälfte ihrer Kinder wieder Leistungen in diesem eher mittleren Bereich; ein Viertel ihrer Kinder haben Einsen, das restliche Viertel schlechte Zensuren. Peters hielt die allgemeine „Auffassungsgeschwindigkeit" für entscheidend für die Zensuren geistiger Leistungen; d. h. er ist wie Spearman der Meinung, es gäbe so etwas wie Allgemeine Intelligenz. Für den Einfluß der Vererbung auf die geistigen Leistungen der Kinder spricht nach Peters vor allem, daß man die Verschiedenheit der Kinder innerhalb einer Familie – wie das besonders in der mittleren Leistungsgruppe der Fall sein kann – nur sehr schwer mit reinen Umwelthypothesen erklären könne, wohl aber mit der Annahme der Mendelspaltung.

1923 wurde Peters auf Betreiben der sozialdemokratischen Landesregierung nach Jena gerufen. Als Gegenkandidat stellte die Fakultät Erich Rudolf Jaensch (1883–1940) auf. Es ist derselbe Jaensch, der 1938 – inzwischen Vorsitzender der Deutschen Gesellschaft für Psychologie – auf dem 16. Kongreß dieser Gesellschaft gegen die „jüdischen Intelligenztests von Wilhelm Stern" wettert, die *„eindeutig auf einen bei Juden stark vorwaltenden Intelligenztypus ausgerichtet"* seien.[30]

Wilhelm Peters und Wilhelm Stern mußten 1933 emigrieren. Von 1933 bis 1945 waren in Deutschland IQ-Tests zwar keinesfalls verboten, wurden aber gering geschätzt. Es kam bei der Auslese für Höhere Schulen, im Arbeitsleben und bei der Wehrmacht und der SS zu keiner Verwendung von standardisierten Intelligenztests.

Die britischen Testpioniere traten dafür ein, daß die Kinder den Zugang zu höherer Bildung unabhängig von ihrer sozialen Herkunft erhalten sollten. Ihre Bestrebungen wurden deshalb von der politischen Linken (der Labour Party) lebhaft unterstützt und von den Rechten (der Conservative Party) hartnäckig bekämpft. Der IQ plus persönliche Anstrengung führt zu Verdiensten; in dieser Formulierung konzentriert sich der Zeitgeist der aufstrebenden Elite in einem einzigen treffenden Satz.

Die Testpioniere waren sich im klaren darüber, daß der Zusammenhang zwischen dem Kompliziertheitsgrad der beruflichen Arbeit und dem IQ – oder zwischen IQ und Einkommen – ein unvollkommener war und ist. Auf das Ansehen eines Cyril L. Burt (1883–1971) gestützt, fanden um 1950 in Großbritannien IQ-Tests eine breite Anwendung. Da Burt der Auffassung war, die Intelligenz der Kinder

---

30 Zitiert nach Weiss 1980 in Weiss 2012, 78

könne erst in einem Alter von elf Jahren mit genügender Sicherheit getestet werden, regte er an, alle Schüler in diesem Alter zu testen. Seit 1944 wurden die Ergebnisse der 11+ (Eleven Plus)-Prüfung der Entscheidung zugrunde gelegt, ob ein Schüler für eine Höhere Schule geeignet sei oder nicht.

Man war zu dieser Zeit der Auffassung, die Testwerte einer Person würden bei einer Testwiederholung nicht mehr als plus 6 und minus 4 IQ-Punkte schwanken. Brian Simon (1915–2002), der 1935 der Kommunistischen Partei von Großbritannien beigetreten war, fiel 1947 als Lehrer im praktischen Schuldienst auf, daß IQ-Testleistungen und schulische Leistungen nicht allzuselten auseinanderklafften. Ihm begegneten eine ganze Reihe Schüler, die von der Höheren Bildung ausgeschlossen waren, obwohl Simon sie dafür für geeignet hielt. Das brachte ihn dazu, IQ-Tests in Frage zu stellen. Es sprach sich auch bald herum, man könne die Tests vorher üben und damit seine Leistung deutlich verbessern.

In den Ostblockstaaten hatte die gleichmachende Bildungspolitik nicht dazu geführt, den Zusammenhang zwischen dem IQ der Eltern und dem der Kinder einzuebnen, sondern er trat statt dessen noch schärfer hervor. Man konnte sich deshalb um etwa 1965 im Osten der Schlußfolgerung nicht entziehen, auch die Vererbung spiele eine wichtige Rolle, die sich durch keinerlei Politik aus der Welt schaffen ließ. Genau umgekehrt verlief die Entwicklung im Westen. Auch hier hatte der soziale Aufstieg der Begabten aus den unteren Schichten dazu geführt, die meritokratische Schichtung der Gesellschaft zu verfestigen. Der Soziologe Michael Young (1915–2002), 1945 Verfasser des Wahlprogramms der Labour Party, hatte das in seinem Buch (1958) „*The Rise of the Meritocracy*" (deutsch 1961 erschienen unter dem Titel: *Es lebe die Ungleichheit: Auf dem Wege zur Meritokratie*) in aller Folgerichtigkeit durchschaut. Wenn eine egalitäre Kritik der Gesellschaft überhaupt noch Sinn und Zweck haben sollte, dann schien die einzige denkbare Möglichkeit zu sein, alle früheren Annahmen über eine Vererbung des IQ müßten grundfalsch sein. Ebenso wie in den USA und anderen westlichen Industrieländern vollzog sich in den 1960er Jahren in Großbritannien eine tiefgreifende geistige Veränderung: die Soziologische Wende.

In England zog Albert H. Halsey (1923–2014) den Schluß: „*Die Intelligenz ist weniger als eine Eigenschaft von Personen zu sehen, sondern als ein soziales und kulturelles Produkt.*"[31] Die öffentliche Meinung neigte immer stärker zu dem Standpunkt, die sozialen Unterschiede seien eine Folge der bestehenden Bildungsungleichheit und damit

---

31 Zitiert nach Wooldridge 1994, 301 in Weiss 2012, 82

auch der Schülerauslese. Als Erklärung für die schlechten intellektuellen Leistungen vieler Arbeiterkinder dienten nicht mehr die Gene, sondern die Vorurteile der Klassengesellschaft, die der geistigen Entwicklung der Arbeiterkinder im Wege stünden. Da Unterschichtkinder bereits mit einem verarmten Sprachschatz aufwachsen, glaubte man, mit diesem „eingeschränkten Kommunikationscode" eine weitere wichtige Ursache der sozialen Unterschiede gefunden zu haben, für die Abhilfe dringend und möglich schien. Wenn man die Gesellschaft revolutionär verändern wolle, müsse man die Einheitsschule schaffen und gegen jedwede Bildungsselektion und damit selbstverständlich auch gegen IQ-Tests und den IQ-Begriff überhaupt vorgehen.

Brian Simon stellte sich in England an die Spitze einer immer mehr an Einfluß gewinnenden Kampagne, deren Ziel es war, nicht nur die Eleven-Plus-Testung abzuschaffen, sondern die Verwendung von IQ-Tests im allgemeinen. Als Kommunisten war es ihm auch nicht entgangen, daß IQ-Tests in der Sowjetunion schon seit 1936 verboten waren. Simon besuchte die Sowjetunion 1955 und 1961, und er lobte die Sonderentwicklung, den die Psychologie dort nahm. Waren die Pioniere des IQ-Testens um 1920 nicht selten Sozialisten, so wurden sie nach 1960, obwohl sie weder ihre Absichten noch ihre wissenschaftlichen Methoden verändert hatten, mit ihren Forschungsergebnissen in eine rechte politische Ecke abgedrängt, der man bestrebt ist, den Makel des Unanständigen anzuhängen.

1944 testete das französische Nationalinstitut für Demographie mehr als 100.000 Schulkinder mit dem Mosaiktest von R. Gille. 1965 wurde die Untersuchung bei einer Stichprobe von 103.781 Kindern wiederholt. Unkenntnis des Französischen trug dazu bei, daß die Ergebnisse international kaum beachtet wurden. Dabei waren doch alle großen Themen angesprochen worden: Zum Beispiel war 1965 der mittlere IQ der Einwandererkinder aus Nordafrika um 8 Punkte niedriger als der bei den geborenen Franzosen. Jedoch hatten die wenigen Kinder aus Nordafrika, die einen Vater hatten, der zur Oberschicht gehörte, einen mittleren IQ von 108. Die Einwanderung von Nordafrika nach Frankreich wurde also schon damals als vorwiegende Unterschicht-Einwanderung beschrieben.

Die französischen Handarbeiterkinder selbst hatten einen mittleren IQ von 93, die Kinder der Facharbeiter einen IQ von 98 und die der leitenden Angestellten einen IQ von 112. Der maximale regionale Unterschied zwischen der Region Paris (mittlerer IQ 103) und der Bretagne betrug 6 IQ-Punkte, der mittlere zwischen Dorfgemeinden und Paris 7 Punkte. Kinder ohne und nur mit einem Geschwisterkind hatten einen mittleren IQ von 103, mit zwei Geschwistern von 101, mit vier Geschwistern von 97 und mit 5 und mehr Geschwistern von

94. In den Familien mit zwei und mehr Kindern verringerte sich der mittlere IQ mit jedem weiteren Kind etwa um einen IQ-Punkt, und das galt für alle Sozialschichten. Wenn sich die Fürsorge und das Geld der Eltern auf eine größere Kinderschar verteilt, bekommt jedes Kind etwas weniger, was sich auf die mittlere Test-Intelligenz auswirkt.

Der Säulenheilige der Soziologischen Wende Pierre Bourdieu (1930–2002) verkündete in einem Essay mit dem Titel „Rassismus der Intelligenz": *„Der Rassismus der Intelligenz ist ... charakteristisch für eine herrschende Klasse, deren Reproduktion zum Teil von der Weitergabe des kulturellen Kapitals abhängig ist, eines ererbten Kapitals, dessen Merkmal es ist, ein scheinbar natürliches, angeborenes Kapital zu sein. Der Rassismus der Intelligenz ist das, womit die Herrschenden versuchen, eine ... Rechtfertigung der von ihnen beherrschten sozialen Ordnung zu produzieren. .... Man darf sich meiner Meinung nach auf das Problem der biologischen bzw. sozialen Grundlagen der Intelligenz, auf das sich die Psychologen haben festlegen lassen, gar nicht erst einlassen. Und sollte, statt zu versuchen, diese Frage wissenschaftlich zu klären, lieber die Wissenschaftlichkeit der Frage selbst klären; den Versuch machen, die sozialen Bedingungen des Auftretens einer solchen Fragestellung und des mit ihr eingeführten Klassenrassismus zu analysieren. ... Intelligenz ist das, ... was das Bildungssystem mißt. Das ist das erste und letzte Wort in dieser Debatte, die so lange nicht entschieden werden kann, wie man auf dem Terrain der Psychologie bleibt, denn die Psychologie (oder zumindest der Intelligenztest) ist selber das Produkt der sozialen Bedingungen, die auch den Rassismus der Intelligenz hervorbringen, den typischen Rassismus der Eliten, die ein Interesse an der Auslese durch das Bildungssystem haben, und einer herrschenden Klasse, die ihre Legitimität aus den schulischen Klassifizierungen bezieht. Die Klassifizierung durch die Schule ist eine ... naturalisierte und verabsolutierte soziale Klassifizierung, ... die auf die Umwandlung von Klassenunterschieden in Intelligenz- oder Begabungsunterschiede hinausläuft, also in Unterschiede der Natur."*[32]
Bourdieu hat das 1978 veröffentlicht, also zu einer Zeit, da in Kambodscha die Roten Khmer die Intelligenz des Landes aus den Städten trieb und ausrottete und in China die Kulturrevolution seit 1966 die Gelehrten verfolgte und das Bildungssystem zerrüttete. *„Der Bolschewismus ... scheut nicht die Vernichtung wertvollen, unersetzlichen Menschenmaterials, ... wenn er der Vernichtung zur Vollendung seiner Gesellschaft bedarf"* (Hartnacke 1930, 108).
Bourdieu fordert, die Soziologie von der Psychologie vollständig zu trennen, da letztere den Fehler begangen habe, sich auf einen fach-

---

32 Zitiert nach Bourdieu 1993 in Weiss 2012, 86 f.

lichen Bezug zur Biologie einzulassen. Eine analoge Forderung an die Mediziner und Biologen wäre der Verzicht auf Biochemie. Seit Bourdieu darf kein Soziologe, der in einem westlichen Industrieland auf die Berufung auf einen Lehrstuhl an einer Universität hoffen will, noch die Auffassung vertreten, auch andere als soziale Ursachen lägen geistigen Fähigkeitsunterschieden zugrunde. Bourdieu wird in kommunistisch und sozialistisch beeinflußten Medien und Milieus mit großer Begeisterung verlegt, übersetzt, zitiert und nachgedruckt.

Bei einem Vortrag an der Humboldt-Universität zu Berlin sagte Bourdieu: *„Der Hochschulabschluss ist nicht nur ein bildungsmäßiger Adelstitel, vielmehr gilt er gesellschaftlich als Ausweis einer natürlichen Intelligenz und Begabung. .... . An diesem Punkt nimmt die Soziodizee die Form eines Rassismus der Intelligenz an. Die Armen sind nicht mehr wie noch im 19. Jahrhundert arm, weil sie sorglos und verschwenderisch usw. sind, sondern weil sie dumm, intellektuell unfähig sind."*[33]

In der Redaktion „Die Zeit" bemühte sich Dieter Zimmer in seinen Beiträgen lange, den IQ die Vernunft gegen den sich immer unvernünftiger gebärdenden Zeitgeist zu verteidigen. Er schrieb: *„Wer bei einem anderen Faschismus diagnostiziert, kann sich täuschen. ... Noch etwas schärfer stellt sich das Problem, wenn die Ideen keine bloßen Meinungen ... sind, sondern wissenschaftliche Erkenntnisse, die nach den anerkannten Regeln der Kunst aus empirischen Beobachtungen abgeleitet wurden – wenn also ein begründeter Verdacht besteht, daß die Ideen schlechthin richtig sind. Der Volksmund nennt bestätigte objektive Sachverhalte kurzerhand Tatsachen. Können derartige Tatsachen ‚faschistisch' sein? Das nicht, wird man sagen, aber es disqualifiziert eine solche Tatsache durchaus, wenn sie den Nazis möglicherweise willkommen gewesen wäre. Den Nazis vielleicht willkommen gewesen wären die wissenschaftlichen Erkenntnisse über die Erblichkeit der gemessenen Intelligenz, die sich ... angehäuft hatten, vielleicht auch nicht, aber es ist nicht auszuschließen. Prompt wurden die Psychologen, die diese Tatsachen eruiert und gemeldet hatten, als Faschisten beschimpft und auf vielfache Weise inquisitorisch schikaniert; der ganze Forschungszweig ist seitdem in Verruf ... . Einer, der ihn sogar in der DDR vertreten hatte, Volkmar Weiss in Leipzig, schrieb 1996: Seit 1968 haben die Prediger der Gleichheit den Marsch durch die Institutionen angetreten und versuchen nun ihre Meinung durchzudrücken, auch mit Mitteln der simplen Einschüchterung und der Repression, von der Einflußnahme auf Berufungsverfahren ganz abgesehen ... . Denn die Humangenetik und die Differentielle Psy-*

---

33 Zitiert nach Bourdieu 2000 in Weiss 2012, 88

chologie sind die Wissenschaften von der Ungleichheit par excellence. Nicht der Ungleichheit vor dem Recht, sondern der biologischen. ... Wenn die Menschen schon äußerlich verschieden sind ... und alles eine genetische Komponente haben kann, dann Unterschiede in der Intelligenz auf keinen Fall. Für die Prediger der Gleichheit ist das das absolute Tabu." [34]

Nicht nur die Nationalsozialisten hatten etwas gegen Intelligenztests, sondern auch die Kommunisten haben etwas dagegen, und zwar mit einem viel längeren geschichtlichen Atem. Für den Humangenetiker und differentiellen Psychologen ist die genetische Variabilität und Ungleichheit der Menschen auch beim IQ ein Sachverhalt, ohne den seine Forschungen überhaupt keinen Sinn haben, denn seine Untersuchungen und Schlüsse können und sollen – objektiv und unabhängig von allen politischen Interessen – reproduzierbar sein. Für Kommunisten gibt es jedoch keine objektive Wissenschaft, sondern nur Aussagen im Interesse von sozialen Klassen. Für echte Kommunisten sind deshalb die Humangenetik normaler Merkmale und die IQ-Forschung antikommunistische Betätigungen. In einer Zeit, in der die kommunistische Ideologie (auch wenn sie heute anders genannt wird) den öffentlichen Raum in starkem Maße beeinflußt, wird deshalb in der Öffentlichkeit ein Wissenschaftler, wenn er auf die Grundlagen und Ergebnisse von IQ-Unterschieden verweist, früher oder später als ein „rechter" Wissenschaftler wahrgenommen. Daraus folgt, daß sich rechte Politiker in bezug auf den IQ auf die Tatsachen berufen und stützen können, während die linken sie in Abrede stellen oder zumindest verbiegen und verniedlichen müssen. Für die Mehrheitsmeinung in den Massenmedien zählt nur die scheinbare Übereinstimmung mit irgendeiner geistigen Richtung oder Parteipolitik und nicht die wissenschaftliche Lauterkeit. Wehe den Tatsachen und den Wissenschaftlern, wenn sie nicht zum herrschenden Zeitgeist passen! Wenn der Schreiber Kermani (2014, 114) den *„Intelligenzforscher und Genealogen Volkmar Weiss"*, von dem er noch nie eine Zeile gelesen haben dürfte, als Beispiel des Bösen mit Namen nennt, dann qualifiziert allein dessen Ruf als „Intelligenzforscher" ihn schon für Bann und Acht. [35]

Sarrazin (2014, 94f.) *„hatte [2010] den Stand der Forschung zur Erblichkeit von Unterschieden in der menschlichen Intelligenz sach-*

---

34 Zitiert nach Zimmer 1997 in Weiss 2012, 89 f.

35 Dazu noch eine Richtigstellung: Meine Berufung 2005 als Sachverständiger in die Demographie-Enquête-Kommission des Landtags im Freistaat Sachsen erfolgte durch den Landtagspräsidenten Iltgen (CDU). Parteien haben dafür nur ein Vorschlagsrecht. Und nach meinem Verständnis steht Wissenschaft auf einer höheren Warte als auf den Zinnen irgendeiner Partei.

gerecht zitiert. ... Das löste allergrößte Abscheu aus. ... Frank-Walter Steinmeier sprach von geradezu abenteuerlichen Interpretationen. ... Sigmar Gabriel zog eine Parallele zwischen Auschwitz und meinen Aussagen zur Erblichkeit von Intelligenz. ... Einige journalistische Stimmen offenbarten ein merkwürdiges Verständnis von Forschung, indem sie mir [so Sarrazin] einige der Wissenschaftler, die ich zitiert hatte, etwa Richard Lynn, Volkmar Weiss oder Herrnstein und Murray gewissermaßen moralisch zur Last legten. Dass es in der empirischen Wissenschaft nur zwei Kriterien gibt, nämlich Wahrheit und Erkenntnisforstschritt, scheint für viele Medienvertreter nicht einleuchtend.“

In den 1920er Jahren entwickelte sich in der Sowjetunion die Pädologie und die Psychotechnik. Die Pädologie befaßte sich mit der Zusammensetzung der Schulklassen und mit geistig gestörten und schwer erziehbaren Kindern; die Psychotechnik mit Anwendungen der Psychologie in der Berufsausbildung und im Arbeitsleben. 1931 rief Stalin zum ideologischen Zweifrontenkrieg gegen die Pervertierung des Marxismus-Leninismus auf. 1936 wurde vom ZK der KPdSU der berüchtigte „Pädologie-Beschluß" gefaßt. *„In seinem Gefolge wurde die Pädologie und die Psychotechnik liquidiert. ... Am 15. 6. 1936 erschien in der ‚Prawda' ein Leitartikel für ‚Die volle Gleichberechtigung der Rassen und Nationen'. In ihm wurde dargelegt, daß es keine Unterschiede zwischen den Völkern gibt. ... Tests wurden generell verboten.“*[36]
Zwischen dem Einsetzen der massiven Verfolgung der Genetiker und dem Verbot der nunmehr endgültig als antimarxistisch durchschauten Intelligenztests, beides im Jahre 1936, gibt es nicht nur einen unmittelbaren zeitlichen Zusammenhang, sondern auch einen tiefen ideologischen. Die Kommunistische Partei verkündete: *„Die Auffassung, das Schicksal des Kindes sei durch biologische und soziale Faktoren bedingt, durch den Einfluß von Vererbung und Umwelt, steht in offenem Gegensatz zum Marxismus. ... Die bürgerliche Wissenschaft will zum Zweck der Erhaltung der Herrschaft der ausbeutenden Klassen die besondere Begabtheit und das besondere Lebensrecht der ausbeutenden Klassen und sogenannten höheren Rassen beweisen.“*[37]
Nach 1945 wurde das Testverbot auf alle Ostblockstaaten ausgedehnt, und mit dem Höhepunkt des Lyssenkoismus nach 1948 wurde die Verfolgung von kritischen Meinungen nochmals verschärft (Studitski 1953) und jede Art wissenschaftlicher Forschung in diese Richtung unterbunden. *„Der Lyssenkoismus hat dazu geführt, daß auch beim Menschen zunächst jede Vererbung abgelehnt wurde. Und*

---

36 Zitiert nach Kurek 1995 in Weiss 2012, 92
37 Zitiert nach Bauer 1955, 104 in Weiss 2012, 93

das wirkt sich natürlich völlig negativ auf die Humangenetik aus. Da konnte sich überhaupt keine Humangenetik entwickeln. Die Entwicklung ging dahin, daß morphologische Merkmale mendeln, aber auf gar keinen Fall Intelligenz."[38] Seit den 1960er Jahren wurden in der DDR Intelligenztests wieder in der akademischen Forschung verwendet.

1970 wurde von DDR-Soziologen eine repräsentative Untersuchung aller Beschäftigten in der Industrie auf den Weg gebracht und jeder untersuchte Arbeitsplatz, ob der eines Arbeiters oder der eines Angestellten, wurde durch eine Expertengruppe nach dem „Kompliziertheitsgrad der Arbeit" bewertet. Als man dann alle Korrelationen auswertete, stellte sich heraus, daß die sozialen Unterschiede – ja daß alle Unterschiede – mit keiner anderen der untersuchten 200 Variablen so klar und so deutlich korreliert waren, wie mit diesem „Kompliziertheitsgrad der Arbeit". Was man in Wahrheit gemessen hatte, war der IQ. In keinem Bericht an die Parteispitze der DDR durfte der Begriff IQ auftauchen.

Einen besonders radikalen Terror gegen die Intelligenz entfachten die Kommunisten in der Großen Proletarischen Kulturrevolution in China von 1966 bis 1976. Anlaß dazu war ein innerer Machtkampf zwischen Mao und den Maoisten im engeren Sinne auf der einen Seite, die Denkkraft als eine ausschließlich erworbene oder durch die soziale Herkunft tradierte Eigenschaft ansahen, und realistischeren Führungskräften wie Lin Piao auf der anderen Seite (Hoffmann 1978), die Vererbung als einen gegebenen Faktor voraussetzten, ohne das zu betonen. China hatte ein uralte Tradition von Prüfungen für öffentliche Ämter und mit dem Konfuzianismus eine geistige Grundhaltung, in der Ordnung und Leistung etwas galten. Wie in den Ostblockländern auch, waren in China die Führer des kommunistischen Umsturzes selbst keine Dummen oder Ungebildeten. Ihre eigenen Kinder strebten zum Studium und in führende Stellungen. Mao erkannte, daß in China wie bereits in der Sowjetunion und in allen Ostblockstaaten eine Neue Klasse der Herrschenden im Entstehen war, und das alles auf eine Restauration des Kapitalismus hinausliefe (wie sie ja dann in den folgenden Jahrzehnten auch überall stattgefunden hat). Als dogmatischer Kommunist glaubte Mao, das durch eine zweite Etappe der kommunistischen Revolution verhindern zu können, indem die bereits vorhandene intellektuelle Elite aus den Ämtern gejagt und durch junge Kader mit proletarischer Herkunft ersetzt würde. Maos Aufrufe lösten eine in dieser Dimension beispiellose Hexenjagd der jungen Roten Garden gegen Intellektuelle aus. Schließlich bekämpften noch radikalere Garden weniger radikalere, so daß Mao auf den

---

38   Zitiert nach Schulz 2007, 1284 in Weiss 2012, 93

Ausweg verfiel, Millionen Intellektuelle und Studenten auf die Dörfer zu schicken, um sie umzuerziehen (Chen 1977). Die höhere Bildung geriet völlig aus den Fugen.

Menschen mit Verstand versuchten gegenzusteuern, das war jedoch gefährlich. 1973 wurden wieder Aufnahmeprüfungen eingeführt, und 1977 die Abschaffung der drei Unterschiede zwischen körperlicher und geistiger Arbeit, zwischen Arbeiter und Bauern sowie Stadt und Land offiziell wieder aufgegeben (Andreas 2009). In späteren Jahren schickte China auch wieder Studenten ins Ausland. Einige von ihnen haben niedergeschrieben, was sie während der Kulturrevolution Irres und Schreckliches erlebt haben. Man sollte so ein Buch (z. B. Chang 1991; Ye 1998; Wu 2009) einmal gelesen haben. Diejenigen im Westen, die während des Wütens der Kulturrevolution in Maos China ihr Vorbild gesehen haben – wir verzichten an dieser Stelle auf Zitate – sahen bisher keinen Anlaß, ihre Meinung über die Rolle von sozialer Herkunft und Vererbung und ihre Verachtung von Leistungsnachweisen zu berichtigen.

Auch nach der Kulturrevolution galt jede Annahme von erblichen geistigen Eigenschaften als reaktionär und als Herrschaftswissen die Auffassung als richtig, jedes politische System funktioniere dann am besten, wenn ein Höchstmaß an tatsächlicher sozialer Ungleichheit erreicht wird. Gleichzeitig sollten jedoch die meisten Menschen entweder ehrlich davon überzeugt sein, es gäbe keine nennenswerte Ungleichheit, oder es im Zweifelsfalle als zu gefährlich empfinden, dazu eine Meinung zu äußern.

Die gegenläufige ideologische Entwicklung im Osten und Westen Deutschlands nach 1960

Wenn heute IQ-Tests als eine Art angewandter Faschismus gelten, dann muß es vor 1973 eine Umwertung der Werte gegeben haben. Die wissenschaftliche Wahrheit über die biologische Ungleichheit des Menschen und ihre sozialen Folgen ist ein schwer durchschaubares Geflecht von Zusammenhängen, das sich von linken Politikern in keiner Weise massenwirksam an den Mann bringen läßt. Die Massenwirksamkeit erreicht man durch Verheißungen über Freiheit, Gleichheit und Brüderlichkeit. Dem rechten Politiker fällt es hingegen viel leichter, sich auf die biologische Ungleichheit zu beziehen. Sie ermöglicht ihm die Appelle an die Urinstinkte von Gruppe, Nation und Rasse. Um jedoch in einer Demokratie linke Politik zu übertrumpfen, bedarf es der Kombination dieser Urinstinkte mit dem Gerechtigkeitsantrieb. Wenn gerecht sein sozial ist und sozial sein umverteilen bedeutet, dann konnte zum Beispiel ein nationaler Sozialismus die Umverteilung des Vermögens einer reichen – als nicht der Nation zugehörig definierten – Minderheit auf die Mehrheit fordern; in einem bekannten Fall (Weiss 2013a) lief dies auf die Enteignung der Juden hinaus.

Die Kommunisten, die 1945 in der Sowjetischen Besatzungszone Deutschlands an die Macht kamen, nahmen an, alle sozialen Unterschiede beruhten auf sozialen Ursachen und nur darauf. Indem man diese Ursachen und zuallererst die Bildungsunterschiede abschafft, schaffe man auch die sozialen Unterschiede ab.

1945 begann im Osten eine „gegenprivilegierende Bildungspolitik", mit der versucht wurde, den kommunistischen Traum zu verwirklichen. Wenn es 1933 die fehlende arische Großmutter war, die einer Zulassung zum Studium im Wege stand, dann war es 1947 die fehlende prolet-arische. Laut Richtlinie sollten 60 % aller neu aufgenommenen Schüler mit dem Bildungsziel Abitur Arbeiter- und Bauernkinder sein (Löbner 1951; nebenbei, der Anteil wurde nie erreicht). Wer darauf hinwies, Intelligenz habe auch etwas mit Vererbung zu tun – wie Ende 1949 Franz Priefert, Abgeordneter der Liberaldemokraten im Brandenburger Landtag –, dem wurde sein Mandat entzogen. An diese Zeit erinnert sich der Vizepräsident der Akademie der Pädagogischen Wissenschaften der DDR, Karl-Heinz Günther (1925–2010) so: *„War es Verdienst der Arbeiter-und-Bauern-Fakultäten, Bildungsprivilegien zu beseitigen, war damit zugleich der Mangel verbunden, daß mit der Bevorzugung ihrer Absolventen bei der Zulassung zum Studium und der Vergabe von Stipendien ein neues, gleichsam umgekehrtes Bildungsprivileg entstand, das Kinder von Intellektuellen, von Ärzten, Theologen, akademisch gebildeten Lehrern, von früheren mittleren und höheren Beamten, von Fabrikanten und Großbauern traf. Das war eine Elterngeneration, die ... auch wegen der Restriktionen im Bildungswesen im Interesse ihrer Kinder aus dem Lande ging. War die Sortierung nach der sozialen Herkunft der Studenten* [anfangs] *noch einigermaßen verständlich, so nahm sie späterhin groteske Formen an. ... Kinder von Funktionären, von Offizieren, junge Leute, die Offizier werden wollten – sie alle galten dann nach der Statistik als Arbeiterkinder."*[39]

Da die bildungssoziologische Forschung bis heute von der – eigentlich zutiefst marxistischen – Wunschvorstellung durchdrungen ist, sie habe die Aufgabe, eine immer größere Angleichung der Bildungschancen nachzuweisen, und nur das sei als ein positives Ergebnis zu werten, wagen nicht einmal die Max-Planck-Institute für Bildungsforschung und Psychologie, den IQ von Vater, Mutter und

---

39 Zitiert nach Günther 2002, 198 in Weiss 2012, 94 f.

ihren Kindern zu erheben und mit Bildungsgraden und Berufen in Beziehung zu setzen.

Die Entwicklung der Qualifikationsstruktur der Erwerbstätigen in Deutschland von 1955–2004 (in %) und ihr mittlerer IQ im Westen

	Universität			Fachschule/Meister			Facharbeiter			Ungelernte		
	Ost	West	IQ	Ost	West	IQ	Ost	West	IQ	Ost	West	IQ
1955	2	2	135	4			26			70		
1965	3	3	133	8	9	124	36	20	112	54	63	93
1975	6	5	130	12	9	123	51	50	104	29	35	86
1980	6	6	128	15	10	122	56	55	103	20	29	84
1989	8	7	127	18	12	120	61	58	101	13	23	82
2004	10	10	125	22	14	118	53	52	100	10	17	80

Quelle: Geißler 2006, 278, Abb. 13.3

Wie meist wird auch in dieser Tabelle die soziale Herkunft allein durch den Vater bestimmt. Der Bildungsgrad und der IQ der Mutter werden völlig außer acht gelassen, obwohl gerade das interessant wäre. Geißler interpretiert die altbundesrepublikanischen Daten so: *„Beim Wettlauf um die höheren Schulabschlüsse haben insbesondere die Kinder der gesellschaftlichen Mitte aufgeholt, die Arbeiterkinder, insbesondere die Ungelernten, haben weiter an Boden verloren. Noch krasser wirkt der soziale Filter beim zunehmenden Run auf die Universitäten. … Die universitären Studienchancen der Kinder von selbständigen Akademikern liegen mit 82 % um das 41-fache höher als diejenigen der Kinder von Ungelernten, die häufiger eine Sonderschule (8 %) als ein Gymnasium (7 %) oder gar eine Universität (2 %) besuchen.“*[40]

Zu den revolutionären Umwälzungen in der Startphase der sowjetischen Besetzung und der DDR gehörte auch die „Brechung des bürgerlichen Bildungsmonopols". Ziel war die Heranbildung einer neuen Führungsschicht, die sich anfangs vor allem aus den Söhnen und Töchtern von Arbeitern und Bauern, später aus allen Klassen und Schichten rekrutieren sollte. Da ihre Kinder keine Zulassung zu Abitur und Studium erhielten, wurden hunderttausende Akademiker und Selbständige und ihre Familien über die offene Grenze in den Westen getrieben. Durch besondere Förderung, aber auch durch eine gezielte Bevorzugung von systemloyalen Arbeiter- und Bauernkindern, wurden die Universitäten für Arbeiterkinder geöffnet. Ende der 1950er Jahre hatte es die DDR geschafft, sich dem kommunistischen

---

40 Zitiert nach Geissler 2006 in Weiss 2012, 292

Ziel der proportionalen Chancengleichheit in beachtlichem Maße zu nähern. Aber was geschah dann?

„Im Gegensatz zu den Erwartungen der Marxisten führt Chancengleichheit unter günstigen Umweltbedingungen stets zu einer verstärkten Genotyp-Phänotyp-Korrelation und somit zu einer Steigerung der ‚Erblichkeit'. ... Dies bedeutet: Je besser in einem leistungsfähigen Bildungssystem die Chancengleichheit gewährleistet ist, um so größer wird die auf genetischen Unterschieden beruhende Variabilität der Menschen" (Mohr 1975, 48).

In den 1960er Jahren wuchs bei den Abiturienten von Jahr zu Jahr der Anteil derer, deren Eltern einst als Arbeiter- und Bauernkinder eine besondere Förderung erfahren hatten und die inzwischen selbst leitende Angestellte oder Angehörige der Intelligenz geworden waren (Weiss 2013b). Alle politischen Kunstgriffe, mit denen man zum Beispiel hauptamtliche Parteifunktionäre, Offiziere und viele andere zu Angehörigen der „führenden Arbeiterklasse" und ihre Kinder damit ehrenhalber zu Arbeiterkindern der zweiten Nachkommengeneration deklarierte, täuschten nicht darüber hinweg, daß auch die Parteifunktionäre und Offiziere inzwischen Hochschulbildung hatten und ihre Kinder nicht mehr als echte Arbeiter- und Bauernkinder gelten konnten und damit unter die eigenen diskriminierenden Bestimmungen fielen. Schrittweise hob man deshalb Privilegien für Handarbeiter- und Bauernkinder auf.

Inzwischen gab es auch schon in der DDR eine Sozialforschung, die, da sie mit so absichtlich verschwommenen Kategorien wie „Arbeiterklasse" nichts anfangen konnte, mit klaren Zuordnungen arbeiten mußte und deshalb von „Bildungsschichten" zu sprechen begann. In den Jahren nach 1970 definierte diese empirische Sozialforschung alle Hoch- und Fachschulabsolventen (also alle mit einem IQ über 115) als Angehörige der „Intelligenz".

Untersuchte man nun die soziale Herkunft dieser Intelligenz, so bereitete das der Machtelite in der DDR ziemliches Kopfzerbrechen. *„Während sich in den Anfangsjahren der DDR die soziale Schicht der Intelligenz tatsächlich in ihrer Mehrheit aus Arbeiterkreisen rekrutierte (weil traditionelle bürgerliche und kleinbürgerliche Schichten durch teilweise recht rigide Methoden von akademischen Bildungswegen ausgeschlossen wurden), schlug der Mobilitätsmechanismus keimhaft in den 1960er und offen in den 1970er Jahren um. Nun rekrutierte sich der bei weitem größte Teil der Intelligenz wieder aus dem gleichen sozialen Milieu (in den anderen sozialistischen Ländern übrigens gleichermaßen)."* [41]

---

41 Zitiert nach Lötsch 1995, 184 in Weiss 2012, 294

Die Beziehung zwischen dem IQ der DDR-Studenten und ihrer sozialen Herkunft wird auch aus dem Zusammenhang zwischen den Abiturdurchschnittsnoten und der sozialen Herkunft deutlich: Bei einer Abiturdurchschnittsnote von 1,0 bis 1,5 bzw. einem IQ über 130 hatte bei 31 % mindestens ein Elternteil einen Universitätsabschluß, bei einem Durchschnitt über 2,9 nur noch 3 %. In den mathematisch-naturwissenschaftlichen Elitefächern hatten von den Studienanfängern aus den neuen Bundesländern Ende 1992 bei 79 % mindestens ein Elternteil Hoch- oder Fachschulabschluß und 7 % nur einen Volksschulabschluß.[42] Dennoch verkündete die Staatssoziologie der DDR noch bis in die 1980er Jahre hinein die Doktrin, die Rekrutierung der Intelligenz aus allen Klassen, Schichten und sozialen Gruppen sei eine geschichtliche Errungenschaft. In Wahrheit jedoch vollzog sich in der Schlußphase der DDR die soziale Auslese auf dem Weg in die Universitäten noch schärfer als im Westen.

Wie aber verarbeitete die Soziologie nach dem politischen Umbruch von 1989/90 diese Tatsachen? *„Die soziale Herkunft übt noch immer einen starken Einfluß auf die Entscheidung für oder gegen eine akademische Bildungslaufbahn aus."* Tatsächlich *„noch immer"*, und dabei hatte Karl Marx doch sein Manifest schon 146 Jahre früher geschrieben! Wenn man aber die Vererbung der Denkkraft als eine Tatsache zur Kenntnis nehmen würde, dann könnte man rasch feststellen, daß sich die soziale Herkunft der Abiturienten als eine reine Funktion der Leistungssiebung unter den Abiturienten selbst bzw. des prozentualen Anteils der Abiturienten am jeweiligen Geburtsjahrgang und der Kinderzahl bei Akademikern beschreiben und vorhersagen läßt.

Das Ideal einer egalitären Gesellschafts- und Bildungspolitik liefe in der Praxis darauf hinaus, den Zugang zu Abitur und Studium entweder allen zugänglich zu machen oder zu verlosen und alle objektiven Leistungsbewertungen, wie Schulzensuren, IQ-Tests oder Eignungstests, abzuschaffen oder zu verbieten. Kennt man aber den Zusammenhang zwischen dem IQ der Kinder und dem Genotyp Eltern, dann läßt sich, wenn soundso viel Prozent der Eltern Abitur oder Fachschulabschluß haben, voraussagen, wieviel Prozent der Kinder wieder Abitur haben werden, wenn soundso viele Kinder geboren werden und soundso viel Prozent des Geburtsjahrgangs das Abitur ablegen.

Zwischen der marxistischen Ideologie und den wissenschaftlichen Erkenntnissen tat sich eine Riesenkluft auf. *„Die ... Untersuchungen der Bildungssoziologie hatten ergeben, dass nicht nur in den westlichen Industriestaaten soziale Ungleichheit über das Bildungswesen*

---

42 Bathke 1993 in Weiss 2012, 295 f.

reproduziert wird, sondern auch das Schulwesen der DDR an der sozialen Schichtstabilisierung und Reproduktion sozialer Ungleichheit beteiligt ist. ... Das Ministerium für Volksbildung propagierte in jenen Jahren unbeirrt das ideologisch verklärte Bild vom allmählichen Verschwinden der sozialen Unterschiede im Sozialismus. ... Vor dem Hintergrund der damaligen soziologischen Untersuchungsergebnisse mutet die Feststellung nahezu grotesk an: ‚Die Schule leistet zur Annäherung der Klassen und Schichten einen bedeutenden Beitrag.‘ Der empirische Nachweis, dass von der Aufhebung sozialer Unterschiede ... nicht die Rede sein konnte, machte diese Forschungen so politisch brisant. Die in den siebziger Jahren erarbeiteten Studien kamen deshalb umgehend unter Verschluss. ... Das Problem besteht dabei darin, dass auch einheitliche schulische Bedingungen am Ende nicht nur homogenisierend, sondern auch durchaus differenzierend wirken. ... Es handelte sich also nicht nur um eine einfache Reproduktion sozialer Unterschiede durch die sozialistische Einheitsschule, sondern sogar um deren verstärkte Ausprägung. ... Die Untersuchungen wiesen wesentlich bessere Bildungschancen und Lernerfolge für die Kinder von Eltern mit einem hohen Bildungs- und Qualifikationsniveau und einer entsprechenden Arbeitstätigkeit nach als für Kinder von Eltern mit einer geringeren Schulbildung und Qualifikation und entsprechender Arbeitstätigkeit. Alles zusammengenommen sichert den Kindern von Fach- und Hochschulkadern einen objektiv gegebenen Vorsprung für ihren Erfolg in der Schule und weit darüber hinaus im Vergleich zu Kindern von Facharbeitern und beiden Gruppen zusammen im Vergleich zu Kindern von Un- und Angelernten.“[43]

In allen Ostblockländern waren in den 1950er Jahren die Fachrichtungen, die sich mit den naturgegebenen Unterschieden zwischen Menschen befassen, als antikommunistische Wissenschaften durchschaut und demzufolge ausgelöscht. Es gab keine Humangenetik und keine Differentielle Psychologie, IQ-Tests waren verboten. Zweige der empirischen Sozialforschung, welche die kommunistischen Dogmen in Frage stellen konnten, hatten keinerlei akademische Berechtigung. Es gab keine Institute für Soziologie und auch keine Ausbildung in dieser Richtung.

In den 1960er Jahren setzte in der DDR ein allmähliches, aber grundlegendes Umdenken ein. Man interessierte sich wieder für Begabungen und schloß nicht einmal mehr kategorisch aus, diese könnten auch einen genetischen Hintergrund haben. In Ost-Berlin konnte 1972 sogar eine Dissertation über die Vererbung der mathematisch-technischen Begabung verteidigt werden, deren Verfasser 1969 die Genehmigung seiner Forschung von der Ministerin Margot Honecker

---

43 Zitiert nach Malycha 2008, 292 ff. in Weiss 2012, 95 f.

höchstpersönlich erhalten hatte. Der Antrag war vom Vorsitzenden des Wissenschaftlichen Rates des Ministeriums für Volksbildung, Prof. Dr. Klaus Korn, mit der Bemerkung befürwortet worden: *„Vielleicht bekämen wir etwas in die Hand, womit wir den Dogmatikern entgegentreten könnten."* In der DDR entstand – nach dem Vorbild des Leistungssports, in dem die DDR sich zur Weltmacht entwickelt hatte – im Bildungssystem (Schreier 1996) eine durch ideologische Scheuklappen nur noch gering gebremste Leistungsgesellschaft mit zahlreichen Spezialklassen für Hoch- und Sonderbegabte und eine elitäre Hochschullandschaft. Den wirtschaftlichen Zusammenbruch konnte das nicht mehr aufhalten, ideologisch hatte er sich schon längst vollzogen.

Dieser ideologische Zusammenbruch läßt sich in der DDR in seinem schrittweisen Ablauf mit der Wiederauferstehung oder Duldung der antikommunistischen Wissenszweige belegen. Die Übersetzung von Curt Sterns (1902–1991) „Grundlagen der Humangenetik" erschien 1968 beim Verlag Gustav Fischer in Jena und parallel dazu in Stuttgart. Kapitel 27 des Buches befaßt sich mit der Vererbung psychischer Eigenschaften und mit Intelligenz. Ab Seite 651 behandelt das Buch *„die vermutliche dysgenische Wirkung differentieller Reproduktion"*, Kapitel 32 handelt gar von *„Rassenmischung und Genetik"*.

In der Bundesrepublik orientierte man sich in den 1950er Jahren noch an Begabungstheoretikern, denen zu dieser Zeit im Westen noch nicht die Etiketten „reaktionär" und „faschistisch" anhingen, sondern nur im Osten. 1958 schrieb Hans Scheuerl in seinem Buch über „Begabung und gleiche Chancen": *„Wenn man aus dem Wesen von Freiheit und Gleichheit das Recht auf Bildung für jedermann folgert und alle Privilegien abzubauen bemüht ist, die sich aus der ökonomischen Lage oder der Familientradition des Einzelnen ergeben, dann erhält die individuelle Begabung eine nahezu absolute Schlüsselstellung bei der Entscheidung über einen Ausbildungsweg."* Das ist noch die klassische bürgerliche Sicht auf Denkkraft und Begabung wie in der ersten Hälfte des 20. Jahrhunderts.

Mitten drin in der Umwertung der Werte schrieb 1975 Martin Greiffenhagen in einem Buch mit dem Titel „Freiheit oder Gleichheit?": *„So wichtig das Leistungsprinzip als Schlüssel für eine demokratische Staatsgesellschaft bleibt, so wenig läßt sich die Gleichheit ausschließlich auf dieses Prinzip stützen. ... Bildungspolitik würde dann nicht nur das verschiedene Sprachniveau von Kindern aus Arbeiterfamilien und bürgerlichen Familien ausgleichen, sondern sehr viel tiefergehende Homogenisierungen vornehmen, damit der demokratische Grundsatz der Gleichheit von Startchancen verwirklicht wird."*

Die Vereinheitlichung der Grundschule in der Weimarer Republik im Jahre 1920 hatte die Schullaufbahnentscheidung für ein Kind um ganze vier Jahre verschoben. Dennoch zögern Eltern aus der Arbeiterschicht, ihr Kind auf das Gymnasium zu schicken, selbst wenn das Kind die dafür notwendigen Leistungen erbringt. Die Wahrscheinlichkeit, im Gymnasium zu scheitern, ist für ein Arbeiterkind weit höher als für ein Kind aus der Mittelschicht. Während 1978 fast jedes Akademikerkind ein Gymnasium besuchte, tat dies nur jedes zehnte Arbeiterkind. Diese eben aufgeführten Tatsachen lassen die Gegner jeder gegliederten Schulstruktur den Schluß ziehen, die Zuweisung der Kinder zu verschiedenen Schulzweigen sei kaum von der Leistung bestimmt, sondern vor allem von der sozialen Herkunft.

Wenn man fragt, ob ein längeres Zusammenbleiben aller Schüler in einem Klassenverband dem gegenseitigen sozialen Verständnis zuträglich und der Leistung der Spitzenkräfte abträglich ist, dann wird man beides bejahen müssen. Wie zu einer bestimmten historischen Zeit die Schulstruktur aussieht, die einen Kompromiß zwischen beiden Zielen zu finden sucht, entscheidet sich auf dem politischen Kampffeld. Während sich in unserer Spätphase der Industriegesellschaft die gesellschaftliche Mehrheit immer eindeutiger gegen eine Leistungsorientierung in der für alle angestrebten Einheitsschule ausspricht, so stehen dem in der Wirtschaft nach wie vor Anforderungen entgegen, die Leistung verlangen.

Unmittelbar nach dem Krieg setzte man die Politik der prozentual festgelegten Zugangsbeschränkungen für höhere Bildungswege fort, bis man nach 1965 dem in allen Industriestaaten wirksamen Druck auf Erhöhung der Abiturienten- und Studentenzahlen mehr oder weniger nachgab, wenn auch nicht schrankenlos. In der Bundesrepublik Deutschland führte der Sog zur Realschule und zum Gymnasium seit Beginn der 1960er Jahre zu einer Flucht aus der Hauptschule, zu einer Entwertung der Hauptschule als Restschule für einen immer kleineren und immer weniger intelligenten Teil der Bevölkerung.

Das Leistungsprinzip wird von vier Seiten – vom Markt, vom Sozialprinzip, von der Vetternwirtschaft und von der Besitzvererbung – unterlaufen, insbesondere aber durch die Anhäufung immer größerer Vermögen ohne und auf Kosten der Leistung. Durch Spekulation angehäufte Vermögen wachsen rascher als die durch einfache Arbeitsleistung, die Spekulationsgewinne werden privatisiert, bei Verlusten soll jedoch der Staat aktiv werden. Beziehungen versprechen eine größere Chance auf einen bestimmten Arbeitsplatz und damit eine größere Einkommenssteigerung als ein Bildungsabschluß.

Ein Staat, der sich eher als Sozialstaat denn als Leistungsstaat begreift, wird früher oder später die Einheits-Gesamtschule als verbindlich erklären. Die Abschaffung des Sitzenbleibens, die Auflösung von

Sonderschulen und dann auch die Beseitigung von Zensuren sind logische Folgeschritte. Wenn man dann noch die Zulassungen für Gymnasien und die Studienplätze verlosen würde, könnte es gelingen, den Zusammenhang zwischen sozialer Herkunft und Studentenanteilen aufzubrechen. Das erklärte politische Ziel ließe sich so erreichen. Nicht ganz, denn dann ergäbe sich ja immer noch in Leistungstests wie PISA dieser Zusammenhang. Auch dafür gäbe es Lösungen: Man müßte solche Tests wieder verbieten, wie das schon im früheren Ostblock der Fall war. Jedoch verspräche erst etwas mehr Radikalität den sicheren Erfolg: Man müßte alle Kinder bei der Geburt auf neue Eltern verlosen, alle Unterlagen über ihre Herkunft vernichten und Gentests mit Todesstrafe bedrohen. Das sei unrealistisch, meint der kritische Leser an dieser Stelle. Aber ist denn nicht die Gleichheit das höchste Ziel, das wir erreichen können und werden?

„Wir müssen es schaffen, dass der Zusammenhang zwischen Herkunft und Bildung aufgebrochen wird", forderte die deutsche Bundeskanzlerin.[44] Wer einen solchen Satz seines Redenschreibers vorliest – auch wenn er inzwischen zum Standardrepertoire aller einst bürgerlichen Parteien gehört –, scheint jede Distanz zu den weltanschaulichen Ursprüngen dieser Forderung verloren zu haben oder hat sie nie besessen.

Für die bundesdeutschen Bildungssoziologen von heute waren im Osten 1945 bis 1955 alle ihre Wunschvorstellungen schon einmal verwirklicht worden. Dennoch ging das am Ende völlig schief. Die bildungspolitischen Veränderungen in den 1960er Jahren hätten die DDR von innen mit zerstört, wird daraus von den etablierten Soziologen geschlossen. Doch wenn man davon ausginge, daß für den stets nachgewiesenen Zusammenhang zwischen sozialer Herkunft und Bildungserfolg (Beer et al. 1968) auch Erbfaktoren eine Rolle spielen, dann könnte man deren Anteil feststellen und dann berechnen, welcher Varianzanteil darüber hinaus auf sozialer Tradierung beruht. Tradierung gibt es ja zweifellos, und sie sollte im Interesse einer mobilen und offenen Gesellschaft nicht den sozialen Auf- oder Abstieg erschweren oder gar verhindern. Manche sprechen von primären und sekundären Herkunftseffekten, die man unterscheiden sollte. Aber wenn es genetische Ursachen per Definition nicht mehr geben darf, dann bleibt nur das ewige Wehklagen, das Ideal der sozial gleichen Herkunft der Begabten und Studenten sei noch immer unerreicht – in Deutschland laut PISA schon gar nicht –, und man komme ihm auch nicht näher. Es gibt ja keine Dummen mehr, sondern nur noch „Bildungsarme" und „Bildungsferne". Fehlt es irgendwo an qualifizier-

---

44 Zitiert nach Merkel 2010 in Weiss 2012, 61

tem Personal, dann kann nur eine „Bildungsinitiative" abhelfen, je frühkindlicher, desto besser. Daß vielleicht schon seit Jahrzehnten zu wenig Talente geboren werden, das darf nicht einmal gedacht werden.

In einem Buch über „Intelligenzforschung und pädagogische Praxis" lesen wir im Kapitel „Ansätze zu einem neuen Konzept der Intelligenz": *„Das Vorverständnis von ‚Intelligenz' und ‚Begabung' ist durch den Bezug auf das ‚Ererbte' bestimmt. .... Ein Konzept der einen, einheitlichen Intelligenz wird immer dort angenommen, wo die verschiedenen Teile eines Intelligenztests zu einer einzigen IQ-Angabe zusammengerechnet werden. ... Die Annahme einer allgemeinen, einheitlichen Intelligenz ist auch im Alltagsdenken dominierend."* Nach diesen richtigen Feststellungen lassen die Kritiker dann durchblicken, warum sie etwas gegen die „bürgerliche Intelligenz" haben: *„Den Angehörigen der unterdrückten oder abhängigen Klassen und Schichten war faktisch der volle Zugang zum Bildungsgut ... verwehrt. ... Aufgrund dieser sozial bedingten Ungleichheiten ergibt sich damit der ... Tatbestand, daß die genetisch jedem ... Individuum verbürgte ... Intelligenz sich bei den verschiedenen Personen in durchaus unterschiedlichem Grade ausprägt. ... Die ... quantitative Stufung der Intelligenz ist letztlich das Produkt der Trennung von Kopf- und Handarbeit, also der mit der Entstehung der Klassen einhergehenden ‚vertikalen' Form der Arbeitsteilung."* Und wenn man die gewünschte klassenlose Gesellschaft errichtet hat, *„würden sich nach unserer Auffassung die Individuen so entwickeln, daß sie einerseits auf der Dimension dessen, was wir als ... allgemeine Intelligenz bezeichneten, leistungsgleich wären, also nicht mehr eine abgestufte Rangfolge bilden würden."*[45]

Rexilius ergänzt: *„Der Intelligenzbegriff als herrschender Begriff der Intelligenz in seiner heutigen Bedeutung – und mit ihm die Intelligenzmessung – entwickelte sich erst mit der ersten industriellen Revolution, als die Trennung von Kopf- und Handarbeit ihren letzten Anstoß bekam und die Kopfarbeit zu überlegener Bedeutung gelangte – die Gebildeten, die Klugen, die mit ihrem Kopf arbeiten konnten, konstruierten Maschinen und Produktionsvorgänge, die Arbeiter waren im Wortsinne nur ‚Hand'langer. ... Welche Anlagen in welchem Kind sich entwickeln können, entscheidet der Schicht- oder Klassencharakter der Gesellschaft."* Rexilius fordert: IQ-„Testautoren ... *sollten ... als abschreckendes Beispiel, zum Schutz der Gesellschaft, zur Strafe und Vergeltung, zur Besserung und Isolierung eingesperrt werden."*[46]

---

45 Zitiert nach Seidel und Ullmann 1978, 82 ff. in Weiss 2012, 106
46 Zitiert nach Rexilius 1976, 182 ff. in Weiss 2012, 106 f.

Als Feinde Nummer eins gelten die Erforscher der Allgemeinen Intelligenz, denn: „*Allenthalben bemühen sich Psychologen und Hirnforscher, aber auch Sozialtheoretiker und Bildungspolitiker, mit den unterschiedlichsten Argumenten darum, die Intelligenzkategorie zu relativieren und zu rekontexualisieren. Eine Lösung wird darin gesehen, Intelligenz zu einer Pluralität der ‚Intelligenzen' aufzufächern – von der ‚sozialen' bis zur ‚emotionalen' Intelligenz. Der womöglich entscheidende Paradigmenwechsel, der hiermit verbunden ist: Intelligenz wird nicht mehr als durch genetische Anlagen bedingtes Schicksal konstruierbar, sondern als in mancher Hinsicht veränderbar, das heißt: steigerungsfähig betrachtet.*" Aber zugleich muß derselbe Verfasser folgendes feststellen, und das aus seiner Sicht mit Bedauern: „*Denn trotz der vielfältigen Differenzierungen der Intelligenzforschung operiert in den sozialen und institutionellen Wirklichkeiten der unverwüstliche Intelligenzquotient (IQ), mit dem seit dem frühen 20. Jahrhundert die ‚natürliche' oder ‚allgemeine menschliche Intelligenz' gemessen wird.*"[47]

Auch in den USA begann in den 1960er Jahren eine neue Kontroverse über Intelligenzunterschiede. Bereits Ende der 1950er Jahre zogen 40 sozialpsychologische Untersuchungen die Möglichkeit, Schwarze könnten sich durch angeborene Eigenschaften von Weißen unterscheiden, nicht einmal mehr in Betracht. 1961 umriß der Präsident der American Sociological Society, Robert Faris (1907–1998), den fortan verbindlichen geistigen Rahmen: „*Wir messen den doktrinären Testern, die sich für Grenzen der individuellen Fähigkeiten aussprechen, keinen Wert mehr bei. ... Grenzen auf vielen Wissensgebieten fallen, weil jedermann alles lernen kann. Wir haben uns von dem Konzept der menschlichen Begabung abgewandt, und anstelle einer festgelegten physiologischen Struktur sehen wir einen anpassungsfähigen Mechanismus mit Raum zu großer Verbesserung. ...*

Die erreichten Grenzen haben praktisch keinen Bezug zu einem angeborenen Leistungsvermögen. ... Wir haben nunmehr eingesehen, daß der wichtige Teil für die Verursachung unterschiedlicher Fähigkeitsniveaus im wesentlichen soziologischer Natur ist."[48]

---

47 Zitiert nach Holert 2004 in Weiss 2012, 109
48 Zitiert nach Faris 1961 in Weiss 2012, 111

DIE GRENZEN
DES WACHSTUMS

Die Grenzen des Wachstums

Arbeitsplätze am oberen Ende eines hierarchischen Unterstellungsgefüges werden besser bezahlt und sind meist mit einem höheren Ansehen verbunden, ihre Zahl ist beschränkt. Da durch das Wirtschaftswachstum mehr Geld für Bildung zur Verfügung steht, kam es nach 1960 zu einer Erweiterung des Bildungswesens, die zu einer höheren durchschnittlichen Qualifikation der Arbeitskräfte geführt hat. Der genotypische mittlere IQ der Bevölkerung hat sich durch diese höhere formale Qualifikation jedoch nicht geändert. Dennoch hat sich der Anteil der Arbeitskräfte vergrößert, die qualifiziert sind, höher bewertete Stellen annehmen zu können.

Die klassische Methode der Anpassung an ein übermäßiges Angebot an Arbeitskräften, die für anspruchsvollere Tätigkeiten ausgebildet sind, besteht auf einem freien Markt darin, die Löhne und Gehälter sowie die jeweiligen Sozialleistungen solcher Stellen zu senken und nach Möglichkeit zu gleicher Zeit die Arbeitsbelastung zu erhöhen. Die Studenten, die um 1968 für grundlegende Reformen im Bildungswesen eingetreten sind, können heute, wenn sie zu den Professoren oder Assistenten gehören, die Früchte ihrer Bemühungen ernten: das gesunkene Ansehen ihres Berufsstandes, unsicherere Beschäftigungsverhältnisse und den Alltag an Massenhochschulen mit einem viel ungünstigeren zahlenmäßigen Verhältnis zwischen Studenten und Lehrkörper als früher.

„Es ist ein richtiger Teufelskreis: je mehr stellenlose junge Akademiker es gibt, desto mehr begnügen sich notgedrungen mit einer Berufsstellung, die unter dem Niveau ihrer Bildung liegt; je mehr Akademiker sich mit solchen Stellungen begnügen, desto sicherer wird mit der Zeit auch für diese Stellungen ein akademisches Studium gefordert ...; je mehr aber akademische Bildung oder zum mindestens die Maturität als Ausweis für die Befähigung zum Studium auch für solche Berufe verlangt wird, desto größer wird der Zudrang zu den Schulen, die zur Maturität führen; und je größer die Zahl der Abiturienten dieser Schulen, desto größer wird auch die Zahl der Studieren-

den und damit der stellenlosen Akademiker und so fort", hatte man in der Schweiz schon 1939 erkannt.[49]

Aus der Menge dieser Enttäuschten, die ihr Scheitern auf dem Arbeitsmarkt erleben oder als Studenten ahnen, rekrutiert sich das Heer derjenigen, die nun nicht etwa die Eliteuniversität fordern, sondern in allen Punkten deren Gegenteil. Die ideologisch eigentlich Gescheiterten beherrschen die Redaktionen der Massenmedien, verfassen die deutschsprachige Wikipedia, besetzen die strittigen Begriffe und fordern Veränderungen.

„In Zukunft wird es auf dem Arbeitsmarkt ein immer dürftigeres Angebot für das untere Viertel im Begabungs- und Leistungsprofil geben, denn auch die Handwerksberufe setzten inzwischen mehr voraus, als dieses Viertel mitbringt. Damit wird der Nachwuchsmangel in qualifizierten Lehrberufen zum ernsthaften Problem: Am oberen Ende werden immer mehr Begabte in die forcierte Akademisierung abgezogen, der Mittelbau der Begabungsprofile schrumpft mit der demografischen Entwicklung, und ein Ausweichen in das untere Leistungsdrittel ist nur begrenzt möglich."[50]

Je mehr Leute entsprechende Abschlüsse und Zeugnisse beibringen, desto geringer wird der Aussagegehalt jeder einzelnen Bescheinigung. Soweit erworbene Bildung etwas über das angeborene Vermögen des einzelnen – also seinen genotypischen IQ – aussagt, beläßt eine verlängerte Ausbildung für alle jeden einzelnen auf demselben Rangplatz. Die Prüfung seines IQ könnte ebensogut auf einer niedrigeren allgemeinen Bildungsstufe erfolgen. Wenn durch den Wettbewerb um Bildungsabschlüsse der allgemeine Bildungsstand angehoben wird, dann wachsen die Bildungsausgaben, ohne dadurch die Leistungsfähigkeit der Besten zu steigern. Die bessere Qualifikation eines einzelnen entwertet stets den Aussagegehalt der Qualifikation eines anderen. In der Menge der Gebildeten steht schließlich jeder auf Zehenspitzen, ohne deshalb besser über die vor ihm Stehenden hinwegsehen zu können. Nur zu Beginn der Bildungslawine konnten sich einige eine bessere Sicht verschaffen, wenn sie sich auf Zehenspitzen stellten, andere aber dadurch zwangen, ihrem Beispiel zu folgen, wenn sie ihre ursprüngliche Lage nicht verschlechtern wollten. Zum Schluß gibt es aber keine Gewinner, und jeder behält seinen genotypischen IQ.

Der sich ergebende Überschuß an formal qualifizierten Bewerbern führt dazu, daß sich das Hindernisrennen um bestimmte Abschlüsse zeitlich noch mehr verlängert und diejenigen begünstigt, die am ehesten in der Lage sind, ein längerdauerndes oder kostspieliges Rennen durchzuhalten, und das sind die Kinder der Wohlhabenden und der

---

49 Nach Zollinger 1939 in Weiss 2012, 46
50 Nach Sarrazin 2010 in Weiss 2012, 48

Bildungsreichen. Die allgemeine Anhebung des formalen Bildungsniveaus wertete Zeugnisse ab, so daß für diejenigen, die nicht mithalten konnten, für die völlig Unqualifizierten, die Arbeitssuche auf dem Arbeitsmarkt praktisch aussichtslos geworden ist.

Elitäre Schulbildung und elitäres Studium nach reinen Leistungskriterien? Das kann man nirgendwo politisch durchsetzen. Die Zahl der Eltern und damit die Zahl der Wähler, deren Kinder eher mittelmäßig sind, aber dennoch zum Abitur und zu einem Studium drängen, ist fünf- bis zehnmal höher als die Zahl der Eltern mit hochintelligenten Kindern. Allein daraus ergibt sich, daß die Entwertung der Bildungsgrade in einer Demokratie auf die Dauer durch nichts aufzuhalten ist. Wenn alle Abitur haben, hat keiner mehr Abitur. Das Geschehen ist ein Teil des Selbstzerstörungsmechanismus, der den Kreislauf der politischen Verfassung vorantreibt.

Alles Leben speist sich aus der Umwandlung von Energie. Die Sonne allein war es, die in früheren Zeiten Früchte reifen und Gras und Wald wachsen ließ. Zwar klapperten im Mittelalter vielerorts auch schon Wassermühlen, und der Transport auf dem Wasser spielte eine große Rolle, aber der Zahl der Menschen, die versorgt und ernährt werden konnten, waren natürliche Grenzen gesetzt. Der Energiehaushalt änderte sich, als Menschen in England auf die Idee kamen, in immer größerem Umfang Kohle als Energiequelle einzusetzen.

Der grüne Wald wurde durch einen unterirdischen Wald ergänzt, der vor Millionen von Jahren gewachsen war und sich in einen fossilen Brennstoff umgewandelt hatte. Als in England am Ende des 17. Jahrhunderts pro Jahr eine Million Tonnen Kohle verbrannt wurden, war damit der Beginn des Industriezeitalters eingeläutet, in dem wir heute noch leben. Bereits 1810 übertraf in England der Brennwert der innerhalb eines Jahres abgebauten Kohle den Brennwert der Holzmenge, die der gesamten Landfläche von England und Wales entsprach, wenn alles Land bewaldet gewesen wäre.

Für alle Vorhersagen spielen die Energiekosten eine große Rolle. Ist Energie relativ billig, dann wird es wirtschaftlich, auch Erze aus Lagerstätten abzubauen, die vordem als völlig unwirtschaftlich galten. Wenn auch Angebot und Nachfrage alle Preise regeln, sind die Energiekosten dabei stets ein begrenzender Faktor.

Im Jahre 1865 war Großbritannien die Weltmacht Nummer eins. Von den 130 Millionen Tonnen Kohle, die 1860 in der Welt gefördert wurden, kamen 80 Millionen Tonnen aus den britischen Gruben. 1865 veröffentliche William Stanley Jevons (1835–1882) ein Buch über: „Die Kohlenfrage: Eine Untersuchung über den Fortschritt der Nation und die wahrscheinliche Erschöpfung unserer Kohlenbergwerke". *„Tag für Tag wird es immer deutlicher, daß die Kohle, die* *wir in ausgezeichneter Qualität und Fülle besitzen, die Hauptquelle unserer modernen materiellen Zivilisation ist. ... Die Frage nach der Dauer unserer gegenwärtigen billigen Kohlenversorgung muß tiefreichendes Interesse finden und Ängste hervorrufen, wo auch immer man darüber spricht. ... Mit dieser Frage steht Englands Größe als Produktionsstandort und Handelsmacht auf dem Spiel, und wir können nicht sicher sein, daß der materielle Niedergang nicht auch von moralischem und intellektuellem Rückschritt begleitet ist."*[51]

1812 hatte Robert Bald ausgerechnet, ständig wachsende Förderzahlen müßten zu einer Erschöpfung der Vorräte führen, wie groß sie auch immer sein mögen. Da die Förderung der Kohle aus immer größeren Tiefen immer schwieriger und teurer werden würde, aber die Nachfrage von Jahr zu Jahr stieg, stieße die Versorgung an Grenzen, schloß Jevons. Vor 1865 hatten sich die Förderzahlen alle zwanzig Jahre verdoppelt. Wenn es so weiterginge, müßte in absehbarer Zeit ein Gipfelpunkt der Förderung erreicht werden, von dem es wieder abwärtsgehen würde. Tatsächlich wurde dieser Gipfelpunkt der britischen Kohlenförderung bereits 1913 mit 292 Millionen Tonnen überschritten. 1914 trat Großbritannien in den Ersten Weltkrieg ein, um seine Weltmachtstellung gegen das aufstrebende Deutsche Reich zu behaupten, das zu dieser Zeit rund 180 Millionen Tonnen Kohle förderte. Als Weltmacht wurde Großbritannien von den USA abgelöst, wo 1918 die Kohlenförderung mit 680 Millionen Tonnen ihren ersten Gipfel überschritt. Zwar wurden 2006 in den USA 1160 Millionen Tonnen Kohle abgebaut, jedoch handelt es sich dabei heute nur noch zu einem sehr geringen Teil um erstklassige Anthrazitkohle. Die britische Kohlenförderung ist heute unter 20 Millionen Tonnen und ihr Anteil an der Weltkohleförderung unter 1 % gesunken. Der Preis der Kohle war allerdings 2007 2,4 Mal höher als 1913.

Bereits zwischen 1870 und 1910 stagnierte in Großbritannien der Pro-Kopf-Energieverbrauch. In dieser Zeit war der Anteil der Qualifizierten unter den britischen Auswanderern höher als unter den Verbleibenden. Ein Fünftel bis zu einem Viertel der Qualifizierten wanderte aus, um in der Fremde eine Existenz aufzubauen. Der britische genotypische Durchschnitts-IQ dürfte damit ziemlich genau zu dem Zeitpunkt seinen Höchstwert erreicht haben, als Francis Galton den drohenden Abstieg vorhersah und den Begriff Eugenik prägte (Woodley und Figueredo 2013).

Die sowjetische Kohlenförderung erreichte ihren Gipfel wenige Jahre vor dem Zusammenbruch des Sowjetimperiums, die gesamteuropäische Förderung 1987. In China wurden 2011 3576 Millionen Tonnen Kohle gefördert, rund 40 % der Weltproduktion. So wie

---

51 Zitiert nach Jevons 1865 in Weiss 2012, 118

Großbritanniens Macht einst auf Kohle gegründet war, so verhält es sich heute mit der Macht des (noch) aufstrebenden China. Die Prognosen, wann China den Höhepunkt der Förderung überschreiten wird, schwanken gegenwärtig zwischen den Jahren 2015 und 2030, sank aber erstmals bereits 2014 im Vergleich zu 2013. Mit einer Erschöpfung der Lagerstätten Chinas zu 90 % wird 2044 gerechnet.

Das Besondere an dem Buch, das Jevons 1865 veröffentlichte, ist seine Übertragbarkeit auf analoge Fragestellungen. Jevons ging von den Zuwachsraten der Förderung in den zurückliegenden Jahrzehnten aus und projizierte sie in die Zukunft. Er machte nicht den Fehler, von einem gleichbleibenden Verbrauch auszugehen. Indem man die effektiven Energiekosten senkt, heizt man den Verbrauch an, ist die Aussage von Jevons Paradox:

„Wenn wir mit den Kohleschächten immer weiter in die Tiefe gehen und der Abbau schwieriger wird, werden wir an die unvermeidbare Grenze stoßen, die unseren Fortschritt stoppen wird. Uns wird es so vorkommen, als würden wir auf einmal auf ein fernes Ufer stoßen. Die Bevölkerungswelle wird sich an diesem Ufer brechen und in sich selbst zurückrollen. ... Ein Bauerngut wird bei sinnvoller Bewirtschaftung stets eine verläßliche Ernte geben. Doch in den Bergwerken gibt es keine Erneuerung, und wenn man die Förderung einmal auf die Spitze getrieben hat, wird sie bald sinken und sich dem Nullpunkt nähern. Insoweit wie unser Wohlstand und Fortschritt auf der Verfügbarkeit von Kohle beruht, wird die Zeit kommen, in der wir nicht nur einhalten und auf der Stelle treten, sondern zurückschreiten."[52]

Wenn Jevons sich auch Gedanken machte, welche Energiequellen an die Stelle der Kohle treten könnten, so übersah er doch die Rolle, die Erdöl und Erdgas einmal spielen würden. An Atomkraft war zu seiner Zeit noch gar nicht zu denken.

„Die Grenzen des Wachstums" ist eine 1972 von Donella Meadows et al. im Auftrag des Club of Rome veröffentlichte Studie zur Zukunft der Weltwirtschaft. Die zentrale Schlußfolgerung des Berichts lautete: Wenn die gegenwärtige Zunahme der Weltbevölkerung, der Industrialisierung, der Umweltverschmutzung, der Nahrungsmittelproduktion und der Förderung von Rohstoffen anhält, werden die absoluten Wachstumsgrenzen im Laufe der nächsten hundert Jahre erreicht werden, also bis etwa 2070. Das Erreichen der Wachstumsgrenzen könnte zu einem raschen und unaufhaltsamen Absinken der Bevölkerungszahl und der industriellen Kapazitäten führen, zum Großen Chaos. Mit dieser Vorhersage unterscheidet sich diese Studie von den bis dahin üblichen linearen Trendberechnungen und stellt die Ab-

---

52 Zitiert nach Jevons 1865 in Weiss 2012, 121

hängigkeit zwischen den wichtigsten Einflußgrößen und Regelkreisen her. Die Studie zeigte auf, daß sich das exponentielle Wachstum der Weltwirtschaft zwar fortsetzen, dann aber in einer beispiellosen Krise enden wird.

Turner hat für den Zeitraum 1970–2010 die Annahmen der Modellrechnungen mit der Wirklichkeit verglichen (2014) und eine weitgehende Übereinstimmung festgestellt. Auch er weist darauf hin, das Standardmodell sage den Zusammenbruch nach 2040 voraus. Stillstand und Abschwung könnten aber schon nach 2020 beginnen. Ein Schwachpunkt dieser Berechnungen ist, daß Krisen der Finanzmärkte bisher nicht in die Modelle einbezogen werden konnten.

Es gibt Wissenschaftler, die solche Vorhersagen rundweg ablehnen (Popper 1980). Ihr bekanntester Vertreter war Julian L. Simon (1932–1998), der meint, die Grenzen von Wachstum und Rohstoffen könnten durch den technischen Fortschritt nahezu beliebig gedehnt und erweitert werden. 1980 schloß Simon mit dem durch Vorhersagen über bald bevorstehende Hungersnöte bekannt gewordenen Paul R. Ehrlich (geb. 1932) eine Wette ab. Simon forderte Ehrlich auf, ihm fünf Metallmengen zu nennen, die in absehbarer Zeit verknappt würden und damit auch eine deutliche Preissteigerung zu erwarten hätten. Ehrlich wählte Chrom, Kupfer, Nickel, Zinn und Wolfram in einem Zeitrahmen von zehn Jahren. Nach zehn Jahren war aber der Gesamtpreis dieser Metalle gefallen, und Ehrlich hatte die Wette verloren. Ehrlich hätte auch verloren, wenn er auf Benzin, Nahrungsmittel, Zucker, Kaffee, Baumwolle, Wolle oder Phosphate gewettet hätte, denn diese Güter waren im Zeitraum 1980 bis 1990 inflationsbereinigt billiger geworden. Hätte Ehrlich die Wette aber auch verloren, wenn der Zeitrahmen der Wette sich statt über nur 10 auf 30 oder 60 Jahre erstreckt hätte? Die Entdeckung neuer Kupferlagerstätten zum Beispiel erreichte 1996 ihren Gipfel. Von 2003 bis 2006 vervierfachte sich der Kupferpreis auf dem Weltmarkt.

Für alle Rohstoffe gilt die in der Regel, daß endliche Vorräte bei exponentiellem Wirtschaftswachstum an ihre Grenzen stoßen und nach Überschreitung des Fördergipfels einen raschen Preisanstieg aufweisen. Bei steigenden Preisen werden auch Lagerstätten von Erzen und Mineralien abbauwürdig, die es bisher noch nicht waren. Da die Menge der Materialien in der Erdkruste zum Metallgehalt der Erze umgekehrt proportional ist, steigen, so das Paradox von Lasky (Bardi 2013, 156), mit fortschreitendem Abbau die Mengen der abbaubaren Reserven. Die Entscheidung, ob es tatsächlich zum Abbau ärmerer Lagerstätten kommt, hängt letztlich von den Energiekosten ab.

Gescheitert sind aber die schwarzseherischen Prognosen von Ehrlich und anderen, die schon für die letzten beiden Jahrzehnte des vergangenen Jahrhunderts eine Welthungerkatastrophe vorhersagten, dabei aber die Möglichkeiten, die landwirtschaftlichen Erträge durch eine Grüne Revolution zu steigern, grob unterschätzten. 1944 hatte Norman Borlaug (1914–2009) in Mexiko mit der Züchtung neuer Weizensorten begonnen: Zwergsorten mit dicken Halmen, fetten Ähren und widerstandsfähig gegen Krankheiten. Die mexikanische Weizenernte war 1963 sechsmal höher als 1944. Um 1965 waren Pakistan und Indien von Hungersnot bedroht. Borlaug ließ Saatgut der in Mexiko erprobten Zwergsorten auf den indischen Subkontinent schaffen und setzte dort seine Züchtungsexperimente fort. Von 1965 bis 2000 versechsfachte sich in Indien der Ertrag der Weizenernte. Die revolutionären Methoden, wie sie in der Weizenzüchtung entwickelt wurden, wurden auf die Züchtung neuer Reissorten und anderer Nutzpflanzen übertragen. Die Denkkraft des Genies, der schöpferische Geist hatte wieder einmal den Ausweg gefunden, den er nach Meinung eines Julian Simon immer finden wird. Man könnte auch wirklich von ganzem Herzen wünschen, Julian Simon möge stets recht behalten.

Noch wirtschaftlicher als Kohle ist die Verwendung von Erdöl. Erst nach 1960 hat Erdöl die Kohle weltweit vom ersten Platz der Energiequellen verdrängt, und die Ausbeutung des Erdöls hat damit einen wesentlichen Anteil an der Beschleunigung, die die Entwicklung der Industriegesellschaft seitdem erfährt, und dem exponentiellen Wachstum der Weltbevölkerungszahl. Es ist das Öl, das entscheidet, wo wir leben, wie wir leben, wie wir zur Arbeit fahren und wie wir reisen. Von 1950 bis 1970 fiel der Preis des Öls, bis es sehr billig wurde. Nur hat Erdöl einen schwerwiegenden Nachteil: seine Vorräte sind deutlich begrenzt. Als 1956 dem Geophysiker Marion K. Hubbert (1903–1989) in den Shell-Laboratorien in Houston/Texas die Aufgabe gestellt wurde, über die Zukunft der US-amerikanischen Erdölförderung ein Papier vorzulegen, stützte er sich auf die von Jevons entwickelte wissenschaftliche Methode und übertrug sie auf das Erdölproblem. Auf der einen Seite also der Anstieg der Fördermenge und die Entwicklung der sicheren Reserven, woraus ein Jahr mit einem Förderhöhepunkt folgt („Peak oil"). Danach, wie der Anstieg der Fördermenge, ihr Abstieg bis zum Nullpunkt. Für die USA prognostizierte Hubbert den Förderhöhepunkt auf das Jahr 1970, was auch so eintrat, und das Ende um das Jahr 2050. 1974 wagte er sich an eine analoge Vorhersage für die Weltölförderung, die von anderen dann mehrfach korrigiert wurde.

Nach diesen Berechnungen wurde 2008 der Höhepunkt bis etwa 2013 erwartet. Als ich 2008 das Energiekapitel für mein Buch (Weiss 2012) verfaßt habe, fand gerade ein dramatischer und noch nie dagewesener Preisanstieg statt, der diesen Prognosen zu entsprechen schien. Keiner, aber auch keiner der Experten hat zu dieser Zeit den Preisverfall bei Energie und Rohstoffen vorhergesagt, wie er 2015 stattfand. Neue technologische Entwicklungen und erhöhte Investitionen haben eine Erhöhung der Fördermengen bewirkt. Die unerwartet niedrigen Energiepreise verschaffen der Wirtschaft Anpassungsmöglichkeiten, auf die fünf Jahre früher nicht zu hoffen war, obwohl 2016 keine Institution Ursachen und Folgen der Energiepreisentwicklung in ihrer Komplexität begreifen oder erklären kann, schon gar nicht in der Vorausschau, und die Folgen für die nun in eine Krise geratenen Hauptförderländer. Doch die Preise werden wieder steigen, aber nicht linear zum stets Teureren, sondern eigenen Zyklen folgen. Denn eines ist sicher: Die Gewinnung der zweiten Hälfte der Welterdölvorräte erfordert einen höheren Energieeinsatz als die der ersten. Daraus folgt ein geringerer Erntefaktor an gewonnener Energie. Die – weltgeschichtlich gesehen – kurze Zeit, in der die Menschheit das verfügbare billige Erdöl und Erdgas entfesselt und seine Verbrennungsprodukte in die Atmosphäre entlassen hat, geht irgendwann im 21. Jahrhundert zu Ende. Das wird mit einer lange anhaltenden Verteuerung verbunden sein.

Wenn man den Anstieg der Weltbevölkerung und den Anstieg der Welt-Erdölförderung im 20. Jahrhundert in einer Abbildung in einer vergleichbaren Skala darstellt, dann drängt sich der Eindruck auf, daß zwischen beiden Entwicklungen eine unmittelbare gegenseitige Abhängigkeit bestand.[53] Die industrialisierte Landwirtschaft wandelt Öl in Nahrung um. Ohne Kunstdünger und Pestizide auf petrochemischer Grundlage und ohne Antriebsmaschinen hätte sich die Landwirtschaft nicht in dieser Geschwindigkeit entwickeln können. Die Bevölkerungsdichte konnte in vielen Ländern erst ansteigen, nachdem Stickstoff-Kunstdünger eingesetzt wurde, der am billigsten auf Erdgasbasis synthetisiert wird.

Allein, auch diese Medaille hat zwei Seiten: Die Ertragssteigerungen ermöglichten in zahlreichen Ländern eine Bevölkerungszunahme, die früher durch die von Ehrlich erwarteten Hungersnöte auf niedrigerem Niveau gebremst worden wäre. Es ist ja nicht so, daß nur die Sorten sich verändert haben und bei gleichbleibenden oder gar geringen Anforderungen an Wasser, Düngung usw. die Erträge gestiegen sind; nein, es hat sich weit mehr verändert. Die Grüne Revolution brachte unter anderem auch Veränderungen in der Bewässerung, Düngung, Bodenbearbeitung und im Transportwesen mit sich und damit Abhängigkeiten von fossiler Energie für die Düngemittelherstellung, den Transport usw. Am Ende hat die weit höhere Menschen-

---

53 Siehe die Abbildung „Welterdölproduktion und Weltbevölkerung 1900–2005" in Weiss 2012, 124

zahl einen weit höheren Energiebedarf, als das etwa in Indien vor 1965 der Fall gewesen war. Damit wird auch das letzte kleine Dorf in den Kreislauf der Industriegesellschaft hineingerissen. Um den erneut drohenden katastrophalen Entwicklungen auszuweichen, wäre eine zweite Etappe der Grünen Revolution notwendig, wie sie durch die Anwendung der Biotechnologie und Gentechnik inzwischen möglich wäre. Dem stehen aber sich ausbreitende Vorurteile und Dummheit immer stärker entgegen.

Henry Adams (1838–1918) hatte bereits 1893 die Befürchtung geäußert, der Hunger nach Elektroenergie würde die Welt letztlich und gesetzmäßig ins Chaos stürzen – als Vollendung einer einmaligen Beschleunigung der menschlichen Geschichte, die in einer Katastrophe mündet. Mitglieder der Schule der amerikanischen Technokraten kamen zu dem Schluß, das Schicksal der Industriegesellschaft würde durch die Pro-Kopf-Erzeugung an Energie bestimmt. Seit 1945 stieg diese Erzeugung exponentiell an, ermöglicht insbesondere durch weltweit steigende Fördermengen an Erdöl und Erdgas. Seit 1979 konnte diese Pro-Kopf-Erzeugung nicht mehr nennenswert gesteigert werden und ist sogar seit 2004 leicht rückläufig. Immer häufiger kommt es zu großen Strom- und Netzausfällen, wie sich durch die internationalen Statistiken solcher Ausfälle belegen läßt. Fließt Elektroenergie als das Blut der industriellen Zivilisation nicht mehr oder unregelmäßig, dann brechen die Stromnetze zusammen und alles hinterher. Gewagte politische Entscheidungen wie die Abschaltung von Kraftwerken können die Versorgungssicherheit zusätzlich untergraben und erhöhen die Energiekosten. Zur Katastrophe als Folge von Revolutionen und Bürgerkrieg kommt es dann, wenn in überbevölkerten Regionen immer mehr Menschen steigende Energie- und Nahrungsmittelpreise nicht mehr bezahlen können. Eine Gesellschaft, welche die Pro-Kopf-Erzeugung an Energie steigern kann, beschleunigt ihren eigenen sozialen Wandel. Eine Gesellschaft, die nicht mehr in der Lage ist, die weit vorausschauende Unterhaltung der elektrischen Energienetze politisch durchzusetzen, beschleunigt ihren Weg in die Krise.

In engem Zusammenhang mit der Pro-Kopf-Produktion an Energie steht die Pro-Kopf-Produktion an Lebensmitteln. Mais, Zuckerrohr und pflanzliche Öle lassen sich als Lebensmittel und Viehfutter verwenden oder zu Treibstoff umwandeln. Letztere Verwendung trägt dazu bei, die Lebensmittelpreise in die Höhe zu treiben. Seit 1990 können im Fischfang auf freier See keine Zuwachsraten mehr erreicht werden.

Während in der Aufstiegsphase der Industriegesellschaft sinkende Energiekosten den Energieverbrauch anheizen, hat in der Niedergangsphase die Sparsamkeit einen tiefen Sinn. Zu einer Energiewende bleiben uns weltweit nur noch zwei bis vier Jahrzehnte Zeit. Das politische Streben, durch Sonne, Wind und Wasserkraft Kohle und Erdöl zu ersetzen, zugleich aber auch auf die Kernenergie zu verzichten, scheint, langfristig gesehen, eine nachhaltige Orientierung zu sein. Die große Frage ist aber, ob die Kosten einer solchen Energiewende innerhalb eines kurzen Zeitraums nichts weiter als eine Utopie sind (Abelshausen 2014) und nicht ein weiterer Faktor, der das Große Chaos eher beschleunigen wird, anstatt es vermeiden hilft. Denn im selben Zeitraum wird auch die Erdbevölkerung mit etwa neun Milliarden Menschen ihr Maximum erreichen, mit einem entsprechenden Druck auf Nahrungs- und Energiequellen aller Art und einem sich daraus ergebenden politischen Druck bei Versagen und Versiegen der elementaren Lebensgrundlagen. Um dem steigenden Kostendruck zu begegnen, ist ein Erfindungsreichtum sondergleichen gefragt, der eine wirtschaftliche Ausnutzung der Energieträger Sonne, Wind, Wasserkraft und Erdwärme mit einem weit höheren Wirkungsgrad als heute erlaubt und zugleich ihre wirtschaftliche Speicherung, und zu gleicher Zeit bei Motoren, Gebäudedämmungen usw. gleichwirkende Entwicklungen durchsetzt. Dieser Erfindungsreichtum setzt intelligente und gebildete Menschen voraus, die in Freiheit nach technischen Lösungen suchen können und sie umsetzen. In Anbetracht des nur noch kurz zur Verfügung stehenden Zeitraums gehen diese Menschen heute bereits zur Schule oder werden im nächsten Jahrzehnt geboren. Wird es genügend intelligente und gut ausgebildete junge Menschen geben, die innerhalb dieses sehr kurzen Zeitraums als Erfinder, Manager und Politiker die Energiekosten in einem Bereich halten können, in dem die Versorgung für die alternden Bevölkerungsmassen der Industrie- und Schwellenländer aufrechterhalten werden kann? Ob das bei den bedürftigen und hungernden Milliardenmassen der Dritten Welt auch gelingen wird? Oder wird die Lösung dieser Aufgabe an der Minderzahl fähiger Personen und der Überzahl unfähiger scheitern – an einer IQ-Lücke – und die Welt um 2040 im Großen Chaos versinken?

Das Klima hat sich stets verändert. Das Klima hat sich im Laufe der Erdgeschichte ohne Zutun des Menschen schon viel stärker verändert als mit seinem Beitrag, und während der Eiszeiten sogar in mehreren Wellen. In den letzten zwei Jahrhunderten hat es die Menschheit fertiggebracht, bereits die Hälfte aller in Jahrmillionen entstandenen fossilen Brennstoffe zu verbrennen. Es ist möglich und sogar wahrscheinlich, daß dadurch die Erde ein wenig aufgeheizt worden ist. Mittelfristig ist nicht sicher, ob diese menschliche Beeinflussung die natürlichen Klimaschwankungen übertreffen wird. Und es ist deshalb auch nicht sicher, ob menschliche Anstrengungen das Weltklima in einer gewünschten Richtung verändern können. Dieselben, die das Klima retten wollen, ziehen hinaus, um in Wald und Flur Pflanzen fremder Herkunft (Neophyten) auszurotten (Weiss 2015 und 2017), währenddessen sie gar nicht genug Asylbewerber im Land aufnehmen können.

Das Weltklima, die Atemluft und das Meerwasser sind Allgemeingüter der gesamten Menschheit. Bei Allgemeingütern gewinnt derjenige am meisten davon, der sie ohne Rücksicht auf andere ausnutzt. Und derjenige schädigt sich, der sich selbst Beschränkungen auferlegt, die von anderen nicht mitgetragen werden. Während 2050 das Klima sein kann, wie es will, und wir es nicht wissen, dürfen wir uns sicher sein, daß wir bis dahin als Folge der Energieverteuerung mit großen wirtschaftlichen Problemen und sich daraus ableitenden Unruhen und Kriegen zu tun haben werden.

Soziale Schichtung, Bildungsgrad und Intelligenzunterschiede

In feudalen Gesellschaften gab es für die Fähigen durchaus Möglichkeiten aufzusteigen. England war dafür besonders bekannt, aber auch anderswo gab es Nobilitierungen von besonders fähigen Industrie- und Handelsunternehmern. Andererseits gaben die traditionellen Betätigungen für die jüngeren Söhne der Adligen – Armee, Flotte, Kirche und die Staatsverwaltung – den Fähigsten unter den weichenden Erben eine gute Chance, sich zu behaupten und die ständische Ordnung aufrechtzuerhalten. Tatsächlich war der Erfolg von einigen englischen Familien, die ihre hervorragenden Leistungen über mehrere Generationen hinweg wiederholen konnten, eine der Beobachtungen, die Francis Galton dazu brachten, die Hypothese aufzustellen, Denkkraftunterschiede seien erblich.

In bäuerlichen Familien gab es ungeschriebene Regeln, wer wen heiraten sollte. Hanke untersuchte einige Dörfer in Altbayern. Er stellte die Bewohner familienweise zusammen und setzte jedes Ehepaar in Beziehung zur sozialen Stellung der beiderseitigen Eltern und wiederum zur sozialen Stellung ihrer eigenen Kinder. „*Bei Vorhandensein zahlreicher bäuerlicher Großbetriebe überwog doch die Zahl der klein- und mittelbäuerlichen Anwesen weit. … Der behandelte Zeitraum von 1675 bis 1800 stellt eine Periode relativ stetiger Entwicklung dar. … Für die Untersuchung wurden acht Siedlungen ausgewählt. … Für das 17. und 18. Jahrhundert ist die jeweilige Grundbesitzgröße der zuverlässigste Maßstab für die Differenzierung ländlicher Schichten. Bei der Vererbung von Grundbesitz waren Söhne und Töchter eines Bauern gleichberechtigt. … Die Erben waren sich meist einig, daß dasjenige Kind den Hof übernehmen soll, das die Geschwister am höchsten und besten auszahlen, d.h., das die ‚beste Heirat machen' kann. … Je höher die Erbteile waren, desto größer auch die Chancen, durch Einheirat in einen anderen Bauernhof die soziale Stellung der Eltern für sich zu behaupten. ... Bei den bisherigen Untersuchungen war es üblich, lediglich die Besitzer von Anwesen und Häusern zu analysieren. So erstellte man Querschnitte, die ein wirklichkeitsfremdes Bild der jeweiligen sozialen Strukturen ergaben. ... Zu den Unbehausten sind vor allem die Hüter, Inleute (Tagwerker und Handwerker), ortsfremde Gelegenheitsarbeiter und Bettler zu zählen. ... Zur Erstellung exakter Sozialstrukturen müssen wir also die Prozentsätze der ‚Unbehausten' ermitteln, bevor wir die Schichtungen der ‚Behausten' prozentual bestimmen können. ... Unterteilen wir die Unbehausten in diejenigen, die ihren bescheidenen Lebensunterhalt hatten und in die Bettler, so stellen wir fest, daß die Hüter, die Inleute und die Ehhalten [bäuerliche Arbeitskräfte] ortsfremder Herkunft insgesamt im untersuchten Zeitraum durchschnittlich ein Viertel der Bevölkerung einnahmen. ... Der Anteil der Vollbauern an der Gesamtbevölkerung betrug zu keiner Zeit mehr als ein Viertel. Die Mittelgruppe der nichtbäuerlichen Bevölkerung bildeten die Bauhandwerker (Zimmerleute, Maurer), die unterste Gruppe nahmen die Tagwerker, Feld- und Pferdehüter ein. ... Sozialer Aufstieg dokumentiert sich in ländlichen Bereichen durch Vergrößerung des eigenen Anwesens, in einem Kauf eines größeren Betriebes oder durch Einheirat in einen solchen. Ein sozialer Abstieg dagegen findet seinen Niederschlag im Verkauf von Grundbesitz oder gar des gesamten Anwesens, in einer Einheirat in ein kleineres Anwesen sowie in einem Absinken in die Schicht der Unbehausten. ... Von der Gesamtzahl der in Bauernhöfe einheiratenden Ehepartner sind 84 % bäuerlicher Herkunft. ... Kein einziger Ehepartner von bäuerlichen Haupterben stammt aus dem Kreise der Bauhandwerker, der Tagwerker, der Hüter und der Inwohner. Die unterste Schicht der Behausten waren die Taglöhner. 35 % ihrer Haupterben heirateten wieder Taglöhnerkinder. ... Von den heiratenden Nebenerben fanden 60 % eine Einheirat in ein Tagwerkerhäusl, 34 % in ein Dorfhandwerkerhäusl, kein einziger aber in einen Bauernhof.*"[54]

Wir finden in allen solchen Sozialstrukturuntersuchungen eine Gliederung der bäuerlichen und bürgerlichen Bevölkerung in drei Sozialschichten und ein Heiratsverhalten, bei dem die Oberschicht untereinander und in die Mittelschicht einheiratet, nie aber in die Unterschicht; umgekehrt die Unterschicht auch nur untereinander und in die Mittelschicht, nie in die Oberschicht. Demzufolge braucht sozialer Auf- und Abstieg von einem Ende der sozialen Schichtung zum anderen Ende – so selten das überhaupt vorkommt – mindestens zwei Generationen. Der Heiratsmarkt war klaren Regeln unterworfen.

---

54 Zitiert nach Hanke 1969 in Weiss 2012, 174 f.

Man darf deshalb annehmen, daß durch den für den Heiratsmarkt entscheidenden Besitz, da der etwa mit 0,50 mit dem IQ korreliert ist, auch in historischer Zeit eine Korrelation von mindestens 0,30 im IQ der Ehepartner erreicht worden ist, wie folgende Untersuchung belegt: In sieben Dörfern wurden für den Zeitraum 1840–1930 Ehepaare erfaßt, für die bei beiden Eltern die Schulzensuren verfügbar waren, ebenso für ihre insgesamt 2051 Kinder. *„Durchweg haben sich Ehepartner mit gleicher oder ähnlicher Begabung gefunden (88 %). … Bei Vergleich der einzelnen Berufsgruppen untereinander zeigen die bäuerlichen Ehen den höchsten Anteil von Ehen mit gleichen oder ähnlichen Partnern. … Es fanden sich bei der Eheschließung vorwiegend die Personen zusammen, die entsprechend ihres Begabungsstandes zusammengehören. Die Ehen mit gutbegabten Partnern haben im Verhältnis die größte Anzahl wieder gutbegabter Kinder, während den Ehen mit geringer begabten Partnern größtenteils Kinder entstammen, die selbst schwache Begabung aufweisen.“*[55]

Der Heiratskreis des Besitz- und Bildungsbürgertums war gegenüber der Zwischenschicht der besitzlosen Intellektuellen (d. h. gegenüber den mittleren Beamten und Angestellten, den Lehrern und Schreibern) nicht abgeschlossen. In Sachsen, wo bereits früh ein Drittel aller Einwohner in Städten lebte, wuchs diese Zwischenschicht von 3 % der städtischen Bevölkerung um 1615 auf 12 % um 1870 an – mit einem steilen Anstieg von 5 % auf 10 % bereits in der zweiten Hälfte des 18. Jahrhunderts. Bei der Landbevölkerung nahm der Anteil dieser Geschulten (dabei Gutsverwalter, Schulmeister, Förster, Pfarrer und Kantoren einschließend) von 2 % um 1595 auf 5 % in 1870 zu. Von Anfang an zeichnete sich diese Berufsgruppe durch eine einzigartige soziale Mobilität aus. Die persönliche Entscheidung, die eigene Chance zu suchen und dank einer überdurchschnittlichen Begabung seinen eigenen Weg zu finden, spielte bei diesen Geschulten eine besondere Rolle. Während bei allen anderen Klassen und Schichten die Söhne zu 70–90 % aus derselben sozialen Schicht stammten, waren es beim Besitz- und Bildungsbürgertum der Städte nur 50 %, bei den besitzlosen Intellektuellen der Städte stets gar nur 20 %. Die Leute, die nur ihren klugen Kopf hatten und sonst nichts weiter, kamen stets, d. h. in jeder Generation erneut, zu 30 % bis 50 % unmittelbar vom Lande, waren Söhne von Schulmeistern und Pfarrern, aber auch von Bauern und Landhandwerkern. Ihre Frau brachten sie nur selten vom Lande mit. Auf dem städtischen Heiratsmarkt hatten sie aber wenig zu bieten, und viele heirateten deshalb Töchter mit geringer Mitgift aus dem städtischen Handwerk oder die Tochter eines besitzlosen Intellektuellen, der schon in der Stadt wohnte. Aber

---

55 Zitiert nach Müller 1941 in Weiss 2012, 182

sie müssen Wert darauf gelegt haben, daß ihre Braut, wenn schon nicht reich, dann aber wenigstens nicht dumm war. Denn nur durch eine solche Heiratsstrategie läßt sich der oft folgende soziale Aufstieg erklären. Bereits in der nächsten Generation stiegen von den Söhnen der besitzlosen Intellektuellen bis zu einem Drittel ins Besitz- und Bildungsbürgertum auf, entweder durch eigenen Verdienst oder durch eine entsprechende Heirat oder durch beides zusammen. Da die soziale Schicht der besitzlosen Intellektuellen zahlenmäßig anwuchs, konnte etwa ein Drittel der Söhne in solchen oder ähnlichen Stellungen wie ihre Väter verbleiben. Den Enkeln bot sich dann eine erneute Aufstiegschance.

Alle, die eine Lateinschule mit hinreichendem Erfolg besucht hatten, wurden in der Zeit des Barock mit „Herr" tituliert. Dadurch waren nicht nur Adlige, Hofbedienstete, Akademiker, Beamte und Offiziere Herren, sondern auch die Buchhändler, Buchdrucker, Apotheker, Kaufleute, die Gerichts- und Ratsverwandten, alle Schreiber und Sekretäre und ein Teil der erfolgreichen Handwerksmeister. Zum erstenmal in der Geschichte ist damit eine Gemeinsamkeit, die wir heute in Bezug zu „Intelligenz" setzen würden, durch eine gemeinsame Titulierung erfaßt worden.[56]

Heinz Wülkers Thema war die Verstädterung von drei Bauerndörfern in der unmittelbaren Nachbarschaft von Hannover, *„vor allem die Überführung fast der gesamten Nachkommen in städtische soziale Gruppen."* Die drei Dörfer wurden 1891 nach Hannover eingemeindet und untersucht wurde der Zeitraum von 1740–1891. *„Die Nachkommen der Großbauern",* so Wülker, *„gehen zu einem beträchtlichen Teil in die städtische Oberschicht über, zu einem kleinen Teil in die Mittelschicht und nur ganz vereinzelt in die Unterschicht der Stadt. Die Erbstämme der Kleinkötner verteilen sich vor allem auf die Mittelschicht der Stadt und zu kleineren Anteilen auf Ober- und Unterschicht. Die Brinksitzernachkommen finden sich in Berufen der städtischen Mittel- und Unterschicht, dagegen nur selten in den oberen städtischen Gruppen",* wobei Wülker dabei eine starke Abhängigkeit von der Schulbildung, der Lebensleistung und der Herkunft des Ehepartners feststellen konnte. *„Innerhalb der Kleinkötner trennen sich die Familien eindeutig nach erblichen Voraussetzungen. Bei gleicher Hofgröße erreichen nur solche Familien höhere soziale Stellungen, die schon innerhalb des Dorfes unter rein bäuerlichen Verhältnissen mehr geleistet hatten oder am engsten in Heiratsbeziehungen zum Großbauerntum standen. ... Der einfachen sozialen Ordnung des Dorfes, in der sich die Leistungsbedingungen nur nach der Besitzgröße und den zusätzlichen Bewährungsmöglichkeiten (Ne-*

---

56 Gebhardt 1999, 98 in Weiss 2012, 179

benberuf, Gemeindeämter) unterschieden, stehen in dem differen-
zierteren städtischen sozialen Aufbau Berufe in dem größeren Spiel-
raum von Leistungsanforderungen und -möglichkeiten gegenüber. ...
Nach vorhandenen Beispielen kann gezeigt werden, daß die begabten
Söhne von Kleinkötnern die nahe gelegene Höhere Schule der Stadt
Hannover besuchten, während die Söhne anderer Familien gleicher
wirtschaftlicher Lage und Besitzgröße auf der dörflichen Volksschule
blieben ... Die Schulwahl ist weitgehend von der Begabung abhängig.
Die ,Großen' im Dorfe gelangen auch in der Stadt in die Berufe mit
geistigen Voraussetzungen und Führungsfähigkeit."[57]

Die Erfolgsgeschichte des Bildungswesens *„hat eine paradoxe Schat-*
tenseite, denn Bildung schafft auch mächtige Schranken und Unter-
schiede. Der Bildungsgrad beeinflußt das Einkommen und Einkom-
mensunterschiede trennen. Bildung beeinflußt den Berufsweg, und
Berufe machen Unterschiede. Die Schule selbst ist, mehr und unmit-
telbarer als irgendeine andere Institution, der Ort, wo Menschen mit
hoher Intelligenz sich auszeichnen und Menschen mit geringer Intel-
ligenz scheitern."[58]

Die Testfachleute haben von Anfang an festgestellt, daß der Kompliziertheitsgrad oder das Ansehen einer Arbeit – die Soziologen sprechen vom Sozialstatus und Sozialprestige eines Berufes – etwas mit
den Werten in IQ-Tests zu tun hat. Die Korrelation zwischen IQ und
beruflichem Status bleibt unverändert, gleich ob der IQ während der
Kindheit getestet worden war oder bei jungen Erwachsenen, einige
Jahre nach Abschluß der Schule. Die IQ-Werte im Alter von 7 oder
8 Jahren waren etwa ebenso stark mit dem beruflichen Status der Erwachsenen korreliert, wie es der IQ als Erwachsener selbst war.

Das Bildungssystem siebt Personen mit einem deutlich unterdurchschnittlichen IQ unbarmherzig aus und verdammt sie zu Dauerar-
beitslosigkeit oder Gelegenheitsarbeit. Die Spitzenkräfte der Intelligenz werden hingegen von einer vergleichsweise geringen Zahl von
Berufen geradezu angesaugt. Denn die Denkkraft steht in einer engen
und untrennbaren Beziehung mit der Arbeitsproduktivität. Keine Regierung, ob links oder rechts, wird es fertigbringen oder überhaupt
wagen, die Ausbildung der klügsten Köpfe nachhaltig zu behindern.
Keine Regierung kann ohne eigenen schweren Schaden den Klügsten
verbieten, die geistig anspruchsvollsten Berufe auszuüben. Keine Regierung wird und kann Mittel dagegen finden, daß die Arbeitnehmer nach Leistung bezahlt werden, wenn das Regierungssystem nicht
selbst mittel- oder langfristig scheitern will.

---

57 Zitiert nach Wülker 1940 in Weiss 2012, 183
58 Zitiert nach Herrnstein und Murray 1994, 31 in Weiss 2012, 184

Die Stammbäume bestimmter berühmter Familien werden immer wieder als Beleg für die Vererbung der Begabungen angeführt. Die Mathematikerfamilie Bernoulli, die Musikerfamilie Bach, die Familie Darwin (zu der auch Galton gehörte), die Erfinderfamilie Siemens und die Politikerfamilie Kennedy sind die bekanntesten Beispiele. In enger Verwandtschaft finden wir hier jeweils mehrere hervorragende Persönlichkeiten, deren Leistungen in mehreren Vertretern einen Gipfel von geschichtlicher Bedeutung erreichen. Die Familie Bernoulli hat in vier Generationen acht Mathematiker hervorgebracht, die 103 Jahre lang ununterbrochen den Lehrstuhl für Mathematik der Universität Basel innehatten. Bemerkenswerterweise ist aber kein Bernoulli gleich Mathematiker gewesen, und neben der Mathematik waren die acht noch Professoren für Physik, Chemie, Jura, Astronomie, Logik, Architektur und Ingenieurwesen – ein hervorragendes Beispiel für die mathematisch-technische Begabungsrichtung MINT, für die eine sehr hohe Allgemeine Denkkraft, d.h. ein IQ über 123, die allererste Voraussetzung ist. Ein weiterer Bernoulli, Professor Christoph Bernoulli (1782–1863; ein Enkel des letzten großen Mathematikers Bernoulli), war ein Technologe und Nationalökonom von großem Format. Die Ehefrauen der ersten Bernoulli entstammten aus Basler Geschlechtern, aus denen ebenfalls namhafte Gelehrte hervorgegangen sind.

Nach jahrelangen Voruntersuchungen, bei denen der von Binet entwickelte Test zum Stanford-Binet weiterentwickelt wurde, testete Lewis M. Terman (1877–1956) 1922 in der Hauptuntersuchung in Kalifornien 6–8 % von 168.000 Schülern der Klassen 1 bis 8. Gesucht wurden die besten Schüler aller Klassen in öffentlichen Schulen, je Klasse ein bis fünf Schüler. Die Hauptgruppe der 643 leistungsstärksten Schüler erreichte in der Kurzform des Stanford-Binet einen IQ von durchschnittlich 150. Alle hatten einen IQ von 140 oder höher. Die begabten Schüler waren in der Regel in der Schule eine Klasse höher eingestuft, als das ihrem Alter entsprach. Bei der ärztlichen Untersuchung war ihr gesundheitlicher Zustand gut und sehr gut.

Terman stufte die Väter, da er diese selbst nicht testen konnte, nach dem Grad der Schwierigkeiten ihrer Berufe ein, d.h. nach den Anforderungen an die Denkkraft in ihren Berufen, und verwendete dazu die Skala von Barr, die auf dem gemittelten Urteil von 20 Sachverständigen beruht (vgl. die folgende Tabelle).

Intelligenzanforderungen (gemessen nach der Barr-Skala) der väterlichen Berufe von 643 hochbegabten Kindern in Kalifornien 1922

Punktwert der Barr-Skala	Mittler IQ der Väter	Väter der Hochbegabten	Väter der Grundgesamtheit
15 und mehr	135	26,8 %	2,2 %
12–15	127	26,8 %	4,5 %
9–12	110	36,1 %	37,0 %
6– 9	100	8,9 %	13,4 %
3– 6	89	1,3 %	42,9 %
		100,0 %	100,0 %
Mittelwert des IQ		120	100

Quelle: Terman, L. M.: Genetic Studies of Genius. Vol. 1. Mental and Physical Traits of a Thousand Gifted Children. Stanford: Stanford University Press 1925

Die Terman-Studie ist vor allem dadurch bemerkenswert, daß die Hochbegabten dieser Untersuchung jahrzehntelang bis in die unmittelbare Gegenwart weiter verfolgt, befragt und getestet wurden, ebenso ihre Ehepartner und Kinder. 1960 betrug der mittlere IQ ihrer Kinder 133, bei 34 % war er wieder höher als 139. 0,5 % der Kinder waren geistig retardiert, d. h. krank. Die Hochbegabten und ihre Familien waren in hohem Grade sozial angepaßt, hatten ein weit überdurchschnittliches Einkommen erreicht und übten qualifizierte und hochqualifizierte Berufe aus; sie gehörten zur intellektuellen Elite.

Oden, die 1968 innerhalb der Begabten noch einmal zwei Gruppen hinsichtlich ihres Lebenserfolges unterschied, konnte feststellen: Diese Unterschiede beruhten vor allem darauf, daß der IQ der Ehefrauen bei den Erfolgreicheren höher war und demzufolge auch der IQ der Kinder. Waren von den Erfolgreichsten alle verheiratet und davon nur 16 % geschieden, so waren von den weniger Erfolgreichen 42 % geschieden, 18 % aber unverheiratet geblieben.[59] Persönlichkeit ist eben mehr als Intelligenz, und die Lebensleistung wird auch durch ganz andere Einflüsse mitbestimmt als durch die Denkkraftunterschiede allein. Als Hauptergebnis der Terman-Studie wird allgemein ihr Beweis gesehen, daß Hochbegabte in der Regel in ihrer geistigen und körperlichen Gesundheit überdurchschnittlich sind und bleiben.

Die zahlreichen Untersuchungen über die Herkunft von Erfindern und hervorragenden Wissenschaftlern ergeben: Ein Drittel bis die Hälfte aller Personen mit herausragenden Leistungen haben Väter mit einem Beruf, den wir als „Intelligenzberuf" bezeichnen. *„Die untersten Stände mit geringer Bildung und niedriger Lebenshaltung liefern nur verschwindend kleine unmittelbare Beiträge für die Klasse der großen Forscher. Die unmittelbaren Beiträge dagegen, daß die Groß-*

---

59 Oden 1968 in Weiss 2012, 192

oder Ureltern der großen Männer aus solchen Kreisen stammen, sind sehr erheblich", hatte der Nobelpreisträger Wilhelm Ostwald (1853–1932) erkannt (1909, 328).

Was als Sonder- oder Inselbegabung bei einem Teil der Autisten aufleuchtet, denen die Diagnose Asperger-Syndrom zugeschrieben wird, gehört zu den selbstverständlichen Fähigkeiten vieler Hochbegabter. Fotografisches Gedächtnis, früh ausgeprägte Spezialinteressen und geistige Unabhängigkeit oder gar Isoliertheit zeichnet sehr viele kreative Hochbegabte (Silberman 2016) aus, nicht selten auch auf dem außerordentlichen Niveau, das man Inselbegabten nachsagt. Hochbegabung sei deshalb eine Art Krankheit, die der sonderpädagogischen Behandlung bedarf; nur der Durchschnittsmensch sei ein normaler Gesunder. Diese Meinung verschafft einigen Psychologen, die jetzt die verunsicherten Eltern hochbegabter Kinder beraten, Arbeit und Brot. Doch gibt es Kreativität ohne einen Schuß Asperger?

Die folgende Tabelle zeigt den Zusammenhang zwischen den Ergebnissen des vielfach angewandten Intelligenztests Ravens Progressive Matrizen, dem sich daraus ergebenden IQ und ausgewählten Schulzensuren.

Zusammenhänge zwischen der Leistung im Intelligenztest Ravens PM und den Zensuren bei DDR-Schülern im Alter von 11 Jahren

Rohtestwerte im PM	Mittlerer IQ	Mittelwerte der Schulzensuren		
		Mathematik	Deutsch	Biologie
0–28	79	3,4	3,1	3,3
29–32	88	3,4	3,1	3,1
33–36	92	3,0	2,9	2,9
37–40	99	2,8	2,7	2,7
41–44	107	2,4	2,4	2,5
45–48	117	2,2	2,2	2,3
49–52	129	1,7	1,8	1,8
53–56	143	1,3	2,0	1,5

Quelle: nach Mehlhorn, G. und H.-G. Mehlhorn: Intelligenz. Berlin: Deutscher Verlag der Wissenschaften, 1981, 113; *n = 936*

Ein Drittel der Schüler, bei denen in dieser Längsschnittuntersuchung im 5. Schuljahr mit ein IQ von weniger als 84 getestet wurde, verließen die Schule als Abgänger der 6. oder 7. Klasse ohne Abschluß; keiner wurde Abiturient.

Bei Schulzensuren ist die Korrelation zwischen Intelligenztest und Mathematikzensur am größten. Wenn die Korrelationen in der Regel nur r = 0,50 oder 0,60 betragen und deshalb oft als niedrig bezeichnet werden, so müssen wir bedenken: Die Korrelation zwischen Zensur und Testleistung kann nicht höher sein als das Produkt der Wiederholungsreliabilitäten von Zensur und Test für sich genommen. Diese Wiederholungsreliabilität ist die Korrelation zwischen zwei Tests und wird gemessen, indem sich dieselbe Person (oder ein eineiiger Zwillingspartner) einem inhaltlich gleichwertigen, parallelen Test unterzieht. Bei Tests gelten Reliabilitäten von 0,80 und 0,90 als hoch. Die Reliabilitäten von Schulzensuren ist dagegen deutlich niedriger und erreicht kaum 0,70 und 0,80. Das Produkt der Reliabilitäten von Schulzensuren und IQ-Tests kann also kaum höher als 0,60 sein. Und damit kommen die tatsächlich gefundenen Korrelationen zwischen Tests und Mathematikzensuren den überhaupt möglichen schon ziemlich nahe. Da man auch für Schulzensuren Prozentrangwerte und damit einen Schulzensuren-IQ bestimmen kann, lassen sich auf der Grundlage von Schulzensuren die gleichen Untersuchungen anstellen und die gleichen Zusammenhänge belegen wie mit Tests.

Da IQ-Testleistung und Schulzensuren miteinander korrelieren (Kuehn 1987), müssen auch die unterschiedlichen Berufe unterschiedliche Leistungen in Intelligenztests erreichen. Entsprechende Tabellen liegen für jeden ausgereiften Test vor, zum Beispiel für den LPS-Test nach Horn (vgl. die folgende Tabelle).

Mittlere Leistungen ausgewählter Berufe im Intelligenztest LPS

	Rohtestwerte
Mathematik-Spezialschüler	205
Betriebsingenieurschüler	168
Juristen	162
Psychologiestudenten	155
Technische Zeichenlehrlinge	146
Kaufmännische Lehrlinge	132
Elektrikerlehrlinge	116
Friseurlehrlinge	105
Bäckerlehrlinge	92
Ungelernte	60

Quellen: nach Weiss 1982b, S. 96, Tab. 16; LPS nach Horn 1962, Subtest 3+4+7+8+9+10

Die höherqualifizierten Berufe mit ihren höheren Testleistungen weisen dabei eine geringere Schwankungsbreite auf als die weniger qualifizierten. Ein Mathematiker wird (vgl. diese Tabelle) nie einen Wert 80 aufweisen, sondern stets zwischen 140 und 260 liegen, für einen Bäcker kann der Wert aber zwischen 40 und 210 schwanken. Im geschichtlichen Zeitablauf sind diese Mittelwerte und Streuungen keinesfalls gleichbleibend. Vererbungsforscher, Photographen und Kraftfahrzeugschlosser waren, als diese Berufe erstmals auftauchten, ziemlich elitäre Beschäftigungen und für Personen mit relativ hohem IQ attraktiv. Werden diese Berufe zu Massenerscheinungen und sinkt das durchschnittliche Einkommen in einem solchen Beruf, ja, bleibt sogar ein beträchtlicher Teil der in dem Beruf Ausgebildeten arbeitslos, dann sinkt auch der mittlere IQ der Personen, die diesen Beruf anstreben und ausüben. Dieser Vorgang hat sich zum Beispiel in den letzten vier Jahrzehnten bei Psychologie- und Soziologiestudenten abgespielt. Dementsprechend ist das Anspruchsniveau der von den Professoren für diese Fachrichtungen herausgegebenen Lehrbücher gesunken.

Wird ein Beruf, der an und für sich einen hohen IQ erfordert, schlecht bezahlt, dann wird sich das auch auf den mittleren IQ des Berufes auswirken. Politiker sind deutlich schlechter bezahlt und haben ein höheres Berufsrisiko als Bankdirektoren und Industriemanager. Wer eine Bank oder eine große Fabrik geerbt hat und selbst intelligent ist, spürt deshalb nur einen geringen Antrieb, Berufspolitiker zu werden. Dieser Leidensweg ist eher für mehr oder minder intelligente Menschen von einer oft bescheidenen sozialen Herkunft vorbehalten. Bestimmte hochqualifizierte Facharbeiterberufe sind in ihrem mittleren IQ manchen akademischen Berufen durchaus ebenbürtig. Im sozialen Status hat ein Ingenieur von heute, ausgestattet mit dem Diplom einer Universität, ungefähr den gleichen Rang wie ein Techniker um 1900 und ein geschickter Schmiedemeister um 1750.

Die Ausweitung der Bildung in den höheren Qualifikationsstufen bedeutet stets ein Absinken des mittleren IQ aller Bildungsstufen. Deutliche Auswirkungen hat das bei den Ungelernten, die sich immer stärker als eine Gruppe mit besonders niedrigem Durchschnitts-IQ absetzen. Bei Frauen wirkt sich das noch stärker aus als bei Männern. Für das Geburtsjahr 1923 sagte der Bildungsgrad einer Frau noch weniger über ihren IQ aus als bei Männern. 60 % aller Frauen hatten nur Volksschulbildung ohne einen Berufsabschluß und damit den mittleren IQ 92. Für den Geburtsjahrgang 1965 zeigt diese geringe Bildung jedoch nur noch einen mittleren IQ von 79 an. Der Durchschnitts-IQ aller Abiturienten muß im selben Zeitraum von etwa 128 auf etwa 117 gesunken sein. Analoges gilt für die Studienanfänger an den Hochschulen: 1993 nahmen in den alten Ländern 38 % eines Jahrgangs ein Studium an einer Fachhochschule oder Universität auf. Eine weitere Ausweitung dieses Personenkreises wäre nur noch durch ein deutliches Absenken des Anspruchsniveaus möglich bzw. des mittleren IQ der Studenten, der jetzt bei etwa 115 liegt. Junge und kluge Frauen werden dabei in Laufbahnen getrieben, in denen ausreichende Sicherheit für ein Familienleben fehlt; weshalb sie bereits jetzt zu 40 % unverheiratet und kinderlos bleiben. Ein bestimmter Bildungsabschluß hat immer weniger eine Signalfunktion, wenn man damit Vorteile erlangen will; gleichzeitig wird er aber immer notwendiger, um die Chancen auf diese Vorteile zu wahren.

Weil die Zahl der mittleren und höheren Abschlußzertifikate erheblich vermehrt wurde, verringert sich ihr Wert. Das gilt für die Akademiker als Masse, nicht aber in gleichem Maße für die Eliteberufe, für die nach wie vor ein sehr hoher IQ die Grundvoraussetzung ist. Dafür sind die Anforderungen von der Sache her, wie etwa in der Theoretischen Physik, Mathematik und Biochemie, so hoch, daß es bisher noch zu keiner Absenkung des mittleren IQ dieser Berufe kommen konnte.

Aufregung hatte nach der Öffnung der Mauer der bessere Notendurchschnitt der Abiturienten in der DDR verursacht. In der öffentlichen Debatte wurde dabei verschwiegen, daß der Prozentsatz der Abiturienten in der DDR viel kleiner war als der im Westen. Es gab dort nicht nur eine Auswahl nach politischem Wohlverhalten, sondern im Regelfall auch eine strengere Auslese nach Leistung. In der DDR wurden 12 % aller Schüler zum Abitur geführt, mit einem mittleren IQ von 124 also; in der alten Bundesrepublik im Jahre 1988 in Gymnasien 30 % mit dem mittleren IQ 116. Anweiler hatte richtig bemerkt: *„Wir haben es mit der paradox anmutenden Situation zu tun, daß Begabungsförderung im Einheitsschulsystem stärker und gerichteter betrieben wird als im gegliederten System einer sogenannten Leistungsgesellschaft."*[60]

Auch heute noch ist das deutsche Schulwesen so eingerichtet, daß immer wieder Hürden auftauchen, an denen ausgelesen wird. Zu nennen sind die Rückstellung von der Einschulung, die Versetzung, die Schulformwahl nach Ende der Grundschule, die Zuweisung zu Kursniveaus in Orientierungsstufen und integrierten Gesamtschulen oder zu Schulzweigen in kombinierten Schultypen und kooperativen Gesamtschulen, das Scheitern in Gymnasien oder Realschulen, verbunden mit einem Rücklauf zu einer einfacheren Schule oder einem einfacheren Abschluß. Eine Verschärfung der Auslesefunktion der Schule hat sogar dazu geführt, daß nicht nur der erfolgreiche Abschluß zu bestimmten Berechtigungen führt, sondern daß inzwischen sogar ein bestimmter Notendurchschnitt, etwa beim Abitur, erforderlich ist. Damit wird von den Zensuren eine Trennschärfe erwartet, die sie nicht besitzen.

Wenn Studenten auf der Grundlage der Durchschnittszensur zu bestimmten Fächern zugelassen werden, ist das kaum etwas anderes als eine Zulassung nach dem IQ. Wenn zum Beispiel nur 0,1 % aller Schüler einen Abiturdurchschnitt von 1,1 erreichen, dann läßt sich

---

60 Zitiert nach Anweiler 1988 in Weiss 2012, 196

das auch als ein „Schul-IQ" von 146 definieren. Nimmt man, wie für das Medizinstudium, auch noch Testergebnisse als Zulassungsmaßstab hinzu, kann man mit Mittelwerten aus Schul-IQ und Test-IQ auch bei den IQ-Spitzenwerten verstärkt Unterschiede herausarbeiten.

„Überall und zu jeder Zeit sind Intelligenz, Moralität und Tätigkeit der Bürger mit dem Wohlstand der Nation in gleichem Verhältnis gestanden" (List 1841, 79). Der *„Zusammenhang zwischen qualitativer Bevölkerungsfrage und wirtschaftlicher Leistungsfähigkeit ist so elementarer Natur, daß ihn schon Friedrich List zur Grundlage seiner unverändert gültigen ‚Theorie der produktiven Kräfte' gemacht hat"* ... *Auch die Rasse ist ein Urgrund des volkswirtschaftlichen Leistungsvermögens"*, lehrte ein deutscher Volkswirtschaftsprofessor[61] noch 1972 (Meinhold 1961, 19).

Um IQ-Testergebnisse in verschiedenen Ländern vergleichen zu können, hat Richard Lynn für den mittleren IQ von Großbritannien den Wert 100 mit einer Standardabweichung von 15 gesetzt. Er berechnete die Mittelwerte der anderen Länder in bezug zu diesem „Greenwich-IQ". Als während der frühen Industrialisierung der Lebensstandard absank, verringerte sich die Körperhöhe der Soldaten in Sachsen in einer Zeitspanne von 60 Jahren (Geburtsjahrgänge 1775–1835) um etwa 6 cm. Ähnliche säkulare Trends sind aus allen Industrieländern bekannt. Im vergangenen Jahrhundert ging die Akzeleration des Körperhöhenwachstums mit einem vergleichbaren Anstieg der Intelligenztestwerte parallel, der als Flynn-Effekt bekannt ist. Bereits in den 1930er Jahren machten Psychologen die Feststellung, daß die absoluten Testwerte, also die Rohwerte bzw. die Anzahl der pro Zeiteinheit gelösten gleichschweren Aufgaben, von Jahr zu Jahr stiegen und praktisch die IQ-Werte neu auf den Mittelwert 100 geeicht werden mußten. Dieser Anstieg ist inzwischen in vielen Ländern und in vielen Teilbevölkerungen nachgewiesen worden, weshalb die gesamte Erscheinung auch mit dem Begriff IQ-Akzeleration umschrieben wird. Fast der gesamte IQ-Zuwachs kommt dadurch zustande, daß in der unteren Hälfte der IQ-Verteilung ein Anstieg zu verzeichnen ist. Bei dem Raven-Matrizen-Test SPM ist der mittlere britische phänotypische IQ seit 1938, als der Test entworfen wurde, bis 1979 pro Jahrzehnt um etwa 2 Punkte angestiegen. Lynn hat unter Berücksichtigung dieses säkularen Anstiegs die Testwerte korrigiert.

PISA-Werte mit dem Mittelwert 500 und der Standardabweichung 100 können in IQ-Werte mit dem Mittelwert 100 und der Standardabweichung 15 umgewandelt werden, indem man die Abweichung

---

61 Wilhelm Meinhold (1908–1982), Dr. rer. pol. habil. Dr. phil., Professor der Volkswirtschaftslehre, München

PISA-Ergebnisse (Mittelwert 500; Varianz 100) des mathematischen Verständnisses der Jahre 2000 bis 2015 und die Mittelwerte von sieben ausgewählten Ländern (deren mittlerer IQ bei Lynn-Vanhanen 100 war) sowie die Umrechnung der PISA-Werte von 2015 in die IQ-Skala (Mittelwert 100; Varianz 15) im Vergleich zu den Ergebnissen von Intelligenztests im 20. Jahrhundert (nach Lynn und Vanhanen 2002 siehe L/V-IQ 2002)

Staat	PISA 2000[1]	PISA 2003[2]	PISA 2006[3]	PISA 2009[5]	PISA 2012[6]	PISA 2015[7]	PISA-IQ 2015	L/V-IQ 2002[4]
Belgien	520	529	520	515	515	507	100	100
Kanada	533	532	527	527	518	516	102	97
Niederlande	(535)*	538	531	526	523	512	101	102
Neuseeland	537	523	522	519	500	495	99	100
Schweden	510	509	502	494	478	494	98	101
Schweiz	529	527	530	534	531	521	102	101
Großbritannien	529	(512)*	495	492	494	492	98	100
Mittelwert dieser sieben Staaten	**528**	**524**	**518**	**515**	**508**	**505**	**100**	**100**
Albanien	381			377	394	413	86	90
Algerien						360	78	84
Argentinien	388		381	388	388		82	96
Australien	533	524	520	514	504	494	98	98
Aserbaidshan			476	431			87	87
Österreich	515	506	505	496	506	497	99	102
Brasilien	334	356	370	386	391	377	81	87
Bulgarien	430		413	428	439	441	90	93
Chile	384		411	421	423	423	88	93
China+ – Küste						531	104	100
Kolumbien			376	381	376	390	83	89
Kosovo						362	79	
Costa Rica				409	407	400	84	91
Kroatien			467	460	471	464	94	90
Libanon						396	84	86
Tschech. Rep.	498	516	510	493	499	492	98	97
Dänemark	514	514	513	503	500	511	101	98
Dominik. Rep.						328	73	84
Estland			515	512	521	520	102	97

Staat	PISA 2000[1]	PISA 2003[2]	PISA 2006[3]	PISA 2009[5]	PISA 2012[6]	PISA 2015[7]	PISA-IQ 2015	L/V-IQ 2002[4]
Finnland	536	544	548	541	519	511	101	97
Frankreich	517	511	496	497	495	493	98	98
Georgien				379		404	85	93
Deutschland	490	503	504	513	514	506	100	102
Griechenland	447	445	459	466	453	454	92	92
Hongkong	560	550	547	555	561	548	105	107
Ungarn	488	490	491	490	477	477	96	99
Island	514	515	506	507	493	488	97	98
Indonesien	367	360	391	371	375	386	82	89
Irland	503	503	501	487	501	504	100	93
Israel	433		447	447	466	479	96	94
Italien	457	466	462	483	485	490	98	102
Japan	557	534	523	529	536	532	104	105
Jordanien			384	387	386	380	81	87
Kasachstan				405	432		89	93
Kirgisien			311	331			72	87
Südkorea	547	542	547	546	554	524	103	106
Lettland	463	483	486	482	491	482	97	97
Litauen			486	477	479	478	96	97
Luxemburg	446	493	490	489	490	486	97	101
Malaysia				404	421		87	92
Malta						479	96	95
Mazedonien	381					371	80	93
Mauritius				420			86	81
Mexiko	387	385	406	419	413	408	85	87
Moldau				397	420		86	95
Montenegro			399	403	410	418	87	
Norwegen	499	495	490	498	489	502	100	98
Panama				360			77	85
Peru	292			365	368	387	87	90
Polen	470	490	495	495	518	504	100	99
Portugal	454	466	466	487	487	492	98	95
Katar			318	368	376	402	85	78

Staat	PISA 2000[1]	PISA 2003[2]	PISA 2006[3]	PISA 2009[5]	PISA 2012[6]	PISA 2015[7]	PISA-IQ 2015	L/V-IQ 2002[4]
Rumänien			415	427	445	444	91	94
Rußland	478	468	476	468	482	494	98	96
Serbien			435	442	449		91	93'
Singapur				562	573	564	109	103
Slowenien				504	501	501	510	101	95
Slowakei		498	492	497	482	475	95	96
Spanien	476	485	480	483	484	486	97	97
Taiwan				549	543	560	542	106	104
Thailand	432	417	417	419	427	415	86	91
Trinidad				414		417	87	80
Tunesien		359	365	371	388	367	79	84
Türkei		423	424	445	448	420	87	90
USA	493	493	474	487	481	470	95	98
Uruguay		422	427	427	409	418	87	96
VA Emirate				421	434	427	88	89
Vietnam					511	495	98	96
Zypern – griech.					440	437	90	92

(xxx)* Mittelwert der zwei benachbarten PISA-Werte für diesen Staat; der 2003 tatsächlich erzielte Wert 507 war wegen statistischer Probleme nicht in die offizielle Statistik aufgenommen worden; der Mittelwert aller drei getesteten Kompetenzen betrug 2003 für England 511

Serbien 93' = mittlerer IQ für Serbien und Montenegro

China+ = bezieht sich auf die vier teilnehmenden Provinzen Peking, Shanghai, Jiangsu und Guangdong

Quellen:
(1) (2) (3) (5) in Weiss 2012, 200 und (6) (7) OECD-Berichte für PISA 2012 (veröffentlicht 2013) und 2015 (2016).
(4) Lynn, R. und Vanhanen, T. (2002). IQ and the wealth of nations. Westport, CT: Praeger, S. 73 ff.

vom Mittelwert im Verhältnis 15 zu 100 addiert oder subtrahiert. Der PISA-Wert 433 entspricht dann dem IQ 90, der PISA-Wert 567 dem IQ 110. Der Mittelwert 500 bei PISA ist der Mittelwert aller teilnehmenden OECD-Staaten. Da in der PISA-Untersuchung 2003 erstmals die Türkei in die Stichprobe einbezogen wurde, auf deren Grundlage der Mittelwert 500 berechnet wurde, stieg allein dadurch der Durchschnitt von Deutschland und anderen Industrieländern um 3 PISA-Punkte (was 0,45 IQ-Punkten entspricht) im Vergleich zu

2000, ohne daß die Nutznießer eines solchen Anstiegs das geringste dazu beigetragen hätten.

2000 erreichte Großbritannien einen PISA-IQ von 100 und 97 im Jahre 2009. Wenn wir Lynns Definition folgen, so müßten wir auch diesen IQ 97 als „Greenwich-IQ"[62] 100 ansetzen. Wenn der Durchschnitts-IQ von Großbritannien aber sinkt, wäre es keine gute Lösung, den IQ der gesamten Welt an der Wasserlinie eines einzelnen sinkenden Schiffes festzumachen. Um dieser Zwickmühle zu entgehen, kalibrieren („eichen") wir im folgenden die arithmetischen Mittel der PISA-Werte von 2000 bis 2015 an sieben Staaten, deren IQ-Mittelwert von Lynn und Vanhanen mit 100 angegeben wurde. Insgesamt gesehen gleichen sich Anstieg und Sinken des IQ in diesen sieben Ländern so aus, daß ihr Mittelwert bisher stets genau 100 ergibt. Das verdeckt jedoch, daß auch insgesamt der absolute Mittelwert dieser sieben Staaten sinkt. Wie stark, ließe sich nur messen, wenn die Aufgaben von PISA 2000 zu einem späteren Zeitpunkt in einigen ausgewählten Ländern noch einmal überraschend gestellt würden.

Die Kombination der PISA-Subtests für das Verständnis von Mathematik, Lesetexten und Wissenschaft bringt keine signifikant anderen Ergebnisse, als wenn man den Mathematiktest allein verwendet. Deutschland zum Beispiel erreichte 2006 für das Lesetextverständnis einen PISA-IQ von 98, auf der Wissenschaftsskala von IQ 99 und für Mathematik einen IQ von 98. Das heißt, alle drei PISA-Skalen messen vor allem den Allgemeinen g-Faktor der Intelligenz. Die Bildungsforscher scheuen jedoch in ihren Veröffentlichungen die Begriffe „Intelligenz" und „IQ" wie der Teufel das Weihwasser (Rost 2013b, 15). Diejenigen, die den Begriff IQ vermeiden wollen, sind so frei, alle IQ-Werte in „Kompetenzen" zu transformieren, die der PISA-Skala 500;100 entsprechen. Nach einer solchen Transformation bleiben alle Beziehungen und sämtliche Korrelationen und Schlußfolgerungen unverändert.

2015 wurde erstmals mit dem Computer getestet, anstatt mit Papier und Stift, was nicht ohne Einfluß geblieben sein dürfte. Estland z.B., das 2015 gut abschnitt, hat einen sehr hohen Stand bei der Ausstattung der Schulen mit Computern und Internetanschluß. Bei manchen Ländern gibt es schwer erklärbare Schwankungen der PISA-Testwerte. Seitdem ich in der Eisenbahn einmal zufällig dem Gespräch zweier Lehrer zuhörte, die sich über die PISA-Tests lustig machten, weil in ihren Schulen schlechten Schülern der Rat gegeben wird, am Tag des

---

62 Dieser von mir geprägte Begriff, ebenso wie die Umrechnung von PISA-Werten in IQ-Werte und ihr Vergleich (Weiss 2006), beides seit 2004 nachzulesen auf meiner Homepage http://www.v-weiss.de/table.html, sind inzwischen Allgemeingut der internationalen Intelligenzforschung geworden.

PISA-Tests doch besser zu Hause zu bleiben, habe ich meine Zweifel, worauf derartige Veränderungen beruhen. Je mehr die Testergebnisse zu einem Politikum gemacht werden, desto größer ist die Gefahr indirekt gewünschter Verzerrungen. Da offensichtlich der Meßfehler der IQ-Mittelwerte für Länder plus oder minus 2 IQ-Punkte beträgt, deutet erst ein Unterschied von 5 IQ-Punkten auf echte Unterschiede hin, deren Ursachen nicht in der jeweiligen Bildungspolitik liegen, wie die Bildungsforscher gern glauben möchten, sondern zumeist auf Veränderungen in der Zusammensetzung der Bevölkerung, also der Bevölkerungsqualität, hinweisen.

2016 wurden auch die Ergebnisse des gegenüber PISA politisch weniger befrachteten Schulvergleichstests TIMSS (Trends in International Mathematics and Science Study) von 2015 veröffentlicht, bei dem alle vier Jahre mathematische und naturwissenschaftliche Leistungen von Viertklässlern getestet werden. Dabei ergab sich gegenüber den Leistungen von 2007 für Deutschland ein Rückgang des Mittelwerts, der 2 IQ-Punkten entspricht. Im gleichen Zeitraum stieg laut Pressemeldungen in Deutschland der Anteil der Einwandererkinder von 29 auf 34 % und, abgesehen davon, auch der Anteil der Förderschüler. Die Masseneinwanderung in Mitteleuropa aus Ländern des Nahen und Mittleren Osten und aus Afrika mit IQ-Mittelwerten um 90 oder 80 wird sich im Zielgebiet in einem Absinken des mittleren IQ auswirken (Rindermann 2015; Wößmann 2015). Während in einer Bevölkerung mit dem Durchschnitts-IQ 100 38 % aller Personen einen IQ über 105 haben, der die Grundlage zu einer mittleren und höheren Berufsausbildung sein sollte, sind das bei einem mittleren IQ von 90 noch 16 % (Herkunftsland Türkei) und bei einem mittleren IQ von 80 (Herkunftsland Tunesien oder Algerien) noch 5 %, die das Zeug zu einer Existenz als selbständige Händler oder Handwerker oder für höher qualifizierte Arbeit haben. 95 % dagegen bringen nur die geistigen Voraussetzungen für einfache Arbeit mit.

Manche Forscher meinen, höhere Bildung würde nicht erworben, um erworbene Fähigkeiten und Wissen zu bestätigen, sondern um die Gesellschaft darauf aufmerksam zu machen, der Graduierte besäße ein bestimmtes angeborenes Leistungsvermögen. Personen mit einem höheren Leistungsvermögen erwerben höhere Bildungsabschlüsse, damit sie von den Arbeitgebern als besonders produktiv erkannt werden. Eine solche Rolle der Bildung ist als Signalgeben, Sieben, Filtern oder Sortieren bezeichnet worden. Die Filtertheorie geht von der Annahme aus, höhere Bildung hätte keinen Einfluß auf das Talent, da sie die Genotypen nicht verändert. Ein Arbeitgeber verwendet den Bildungsabschluß eines Bewerbers, um daraus auf dessen Platz in der Fähigkeitsverteilung zu schließen.

Der Bildungsgrad erfaßt wesentliche Teile des Vorhersagewerts der Intelligenzunterschiede. Manche Arbeitgeber stützen sich lieber auf Familienbeziehungen anstatt auf Tests. Der durchschnittliche IQ-Unterschied zwischen Geschwistern beträgt aber 12 Punkte, so daß Testwerte bessere Vorhersagen ermöglichen, als wenn man einen Bewerber nach der Arbeit seiner Geschwister beurteilt. Bezieht man aber auch die Elternwerte mit ein und bildet aus den Werten von Geschwistern und Eltern einen Heritabilitätsindex, dann ist die Wahrscheinlichkeit gering, bei der Einstellung einen groben Fehlgriff zu machen. Praktisch sieben die großen Firmen ihre Spitzenleute nach diesem Verfahren aus: Wenn der Vater zur intellektuellen Elite gehört hat, die Mutter aus einer Familie der Elite stammt, der Bruder des Bewerbers dazugehört und die Schwester sowie ihr Ehepartner ebenso, dann hat auch der Bewerber selbst mit großer Wahrscheinlichkeit das erforderliche geistige Format.

Im Nürnberger Prozeß 1945 wurde mit dem Wechsler-Bellevue-Test auch der IQ der Angeklagten getestet und veröffentlicht: Hjalmar Schacht IQ 143, Arthur Seyß-Inquart IQ 141, Hermann Göring IQ 138, Karl Dönitz IQ 138, Franz von Papen IQ 134, Erich Raeder IQ 134, Dr. Hans Frank IQ 130, Baldur von Schirach IQ 130, Joachim von Ribbentrop IQ 129, Wilhelm Keitel IQ 129, Albert Speer IQ 128, Alfred Rosenberg IQ 127, Constantin von Neurath IQ 125, Walter Funk IQ 124, Wilhelm Frick IQ 124, Rudolf Heß IQ 120, Ernst Kaltenbrunner IQ 113, Julius Streicher IQ 106. Diese Zahlen *„bestätigen die Tatsache, daß die erfolgreichsten Menschen auf jedem Gebiet menschlicher Aktivität – ob es nun Politik, Industrie, Militär oder das Verbrechertum ist – mit überdurchschnittlicher Intelligenz ausgestattet sind"*, lautete dazu der Kommentar des Berichterstatters.[63]

Die zurückgehende Geburtenzahl der Oberschicht führte bereits im letzten Viertel des 19. Jahrhunderts in England zu der Annahme, es drohe ein Rückgang der durchschnittlichen Begabung. Entgegen allen solchen Erwartungen jedoch stiegen die erreichten Werte bei Intelligenztests über mehrere Jahrzehnte an. Für einen Genetiker besteht kein Zweifel, daß – in Analogie zu der bereits zitierten Akzeleration der Körperhöhe – ein solcher Anstieg nur ein Anstieg der phänotypischen Werte und nicht auch der genotypischen sein kann. In einer vergleichenden Untersuchung nationaler Geburtenerhebungen, die um 1970 stattfanden, war Finnland das einzige Land, in dem es eine positive Korrelation zwischen der Kinderzahl und dem Bildungsgrad gab. Eine Untersuchung der UN, die 1995 repräsentative Erhebungen in 26 Ländern ausgewertet hat (darunter 10 Länder in Schwarzafrika, jedoch auch Ägypten, Indonesien, Thailand, Brasilien, Mexiko

---

63 Zitiert nach Gilbert 1947, 230 in Weiss 2012, 230

und Peru), stellte in allen Ländern eine starke negative Korrelation zwischen den Bildungsjahren der Frau und der mittleren Zahl ihrer lebenden Kinder fest.

Wenn wir die IQ-Mittelwerte von Lynn-Vanhanen mit denen von PISA vergleichen, erkennen wir deutlich, daß in Kanada, wo der IQ der Einwanderer höher ist als der bei den Einheimischen (Rindermann und Thompson 2016), der IQ der Gesamtbevölkerung gestiegen ist. Betrachtet man die OECD-Staaten als Ganzes, dann ist der mittlere IQ der Einwanderer 2 Punkten höher als bei den Einheimischen. Kinder der Einwanderer aus China, Indien und Vietnam in OECD-Staaten haben einen mittleren PISA-IQ von 106. Auch Auswanderer aus Deutschland, Südafrika, Großbritannien und den USA nach Australien und Neuseeland haben einen mittleren IQ über 100. Zusammenfassend läßt sich sagen, daß innerhalb einer Generation die Auswirkungen der selektiven Migration, von Ein- und Auswanderung, von Flucht und Flüchtlingen, auf den IQ-Mittelwert eines Landes deutlich höher sind als die Auswirkungen der unterschiedlichen Kinderzahlen bei den Einheimischen.

„Das Grundkapital eines jeden Landes werden die Kenntnisse und Fertigkeiten seiner Bürger bilden. Vorrangige Aufgabe der Politik wird es sein, gegen die Zentrifugalkräfte der Weltwirtschaft anzugehen, indem diejenigen mit den besten Fachkenntnissen und Fertigkeiten reichlich belohnt werden. Indem in wirtschaftlicher Hinsicht Landesgrenzen immer bedeutungsloser werden, sehen sich diejenigen Bürger, die die besten Voraussetzungen mitbringen, versucht, ihre nationalen Bindungen und Verpflichtungen abzuschütteln und sich so von ihren weniger begünstigten Landsleuten abzusetzen.“[64]

In den nächsten Jahrzehnten werden die meisten Kinder nicht in den Ländern mit einem hohen mittleren IQ geboren werden, sondern in den Armenhäusern der Welt und in Ländern mit einem niedrigen mittleren IQ. Der dadurch erwartete Rückgang der Mittelwerts des weltweiten genotypischen IQ von 95 im Jahre 1950 auf IQ 87 im Jahre 2050[65] würde einen weltweiten Rückgang der hypothetischen Genfrequenz q von M1 von 0,12 auf 0,05 bedeuten und eine Abnahme des Prozentanteils der Klugen (also derjenigen mit einem IQ über 105) von 22 % auf etwa 10 %; das heißt eine Abnahme von etwa 4 % pro Generation.

Auch innerhalb entwickelter Staaten beträgt der Unterschied zwischen wirtschaftlich blühenden und eher rückständigen Regionen 10 IQ-Punkte und mehr. In Deutschland zum Beispiel ist der IQ-Mit-

---

64 Zitiert nach Reich 1993, 9 in Weiss 2012, 223
65 Weiss 2007 sowie Lynn und Harvey 2008, zitiert in Weiss 2012, 219. Dazu im langfristigen Vergleich auch Woodley und Figueredo 2013.

telwert von Bayern ungefähr 10 Punkte höher als der Bremer; in Italien beträgt der Unterschied zwischen Venetien und Sizilien 13 Punkte und in den USA der Unterschied zwischen New Hampshire und Mississippi 10 Punkte. Wenn man die 16 deutschen Bundesländer in eine Rangtabelle einordnet, zusammen mit den 28 OECD-Staaten, von denen Daten der PISA-2003-Untersuchung vorliegen, dann steht Bayern (Durchschnitts-IQ 102) international an 5. Stelle, das bevölkerungsreichste Bundesland Deutschlands, Nordrhein-Westfalen (IQ 94), an 35. Stelle, und Bremen (IQ 92) an 39. Stelle unter insgesamt 44 Staaten und Bundesländern.[66]

Wenn man auswertet, inwieweit die Gesetze des Landes Aussagen enthalten, wie sie von dem Bildungsreformer Wolfgang Klafki (geb. 1927) gefordert und in einigen Bundesländern durchgesetzt worden sind, stellt man fest: Je größer die „Klafki-Nähe" eines Bundeslandes ist, desto länger ist es auch im Zeitraum von 1960 bis 2000 von der SPD regiert oder mitregiert worden. Klafki-fern und bis 2010 niemals von der SPD regiert worden waren Bayern, Baden-Württemberg und Sachsen, am anderen Ende der Skala stehen Hamburg, Bremen und Brandenburg.[67] Die ausschließlich CDU-regierten Bundesländer erzielten von allen Bundesländern die besten PISA-Ergebnisse. Ihre Schüler haben den höchsten Durchschnitts-IQ. Je länger ein deutsches Bundesland von Sozialisten (plus Grünen und Linken) regiert wird, desto dümmer sind im Durchschnitt seine Schüler. Je dümmer die Bevölkerung eines Bundeslandes ist, desto eher wählt sie Sozialisten. Was bei der Dummheit der Wähler und der Schüler Ursache und Folge ist, wer mag das zu unterscheiden?

Die CDU/CSU-dauerregierten Länder haben auch die geringsten Anteile an Personen, die bei Führerscheinprüfungen durchfallen und die geringsten Anteile von Personen, die keinen Schulabschluß haben. Diese Länder sind weniger verschuldet und haben weniger Arbeitslose.

Stadt und Land im Kreislauf von Aufbau und Verfall

„Zwischen Zentrum und Peripherie bestand nicht nur ein Gefälle der Preise, der Löhne, des Lebensstandards, des Sozialprodukts und des Pro-Kopf-Einkommens, sondern vor allem auch ein Gefälle des Wissens."[68] Die Konzentration der Bevölkerung in Städten ist mit einer Siebung der Bewohner nach ihrer Denkkraft verbunden. Wenn man die Schulzeugnisse aus deutschen Dörfern des 19. Jahrhunderts untersucht, kann man belegen, daß Schüler mit Einsen und Zweien

---

66 Wößmann 2007 in Weiss 2012, 222
67 Nach Böhm und Böhm 2008 in Weiss 2012, 222
68 Meusburger 1989, 89 in Weiss 2012, 272

überproportional in die Städte gezogen sind, Schüler mit Dreien und Vieren dagegen geblieben sind. Das beste Zahlenmaterial dazu lieferte eine repräsentative schwedische Untersuchung, bei der ein Zehntel der männlichen Personen des Geburtsjahrgangs 1928 erfaßt worden war. Auf dem Lande hatten 1942 16 % (1956 13 %) einen IQ über 110, 31 % (1956 35 %) einen IQ unter 90, in der Stadt im selben Jahr 36 % einen IQ über 110 und 12 % einen IQ unter 90.[69]

Je größer der Flächenbedarf einer Stadt ist, je stärker die Mieten im Stadtkern steigen, je größer die Einkommensdifferenzierung ist, desto stärker wird auch die Segregation der Wohnbevölkerung in Stadtkern, Vorstädten und Umland. Als Folge entstehen Wohngebiete mit einem hohen Grad von sozialökonomischer Absonderung und sozialer Distanz zueinander. Wenn die Unterschichtbevölkerung mehr und mehr ein Wohngebiet besetzt, sinkt das Niveau in den Schulen und die allgemeine Lebensgüte. In einer freien Marktwirtschaft räumen dann Mittel- und Oberschichtfamilien früher oder später das Feld.

Unterschiede in der räumlichen Verteilung des IQ sind keine Unzulänglichkeiten des Marktes, sondern ein wichtiges Strukturmerkmal von Wirtschaft und Gesellschaft. Die regionalen Unterschiede des IQ haben sich in der bisherigen Geschichte noch nie aufgelöst, sondern immer wieder neu strukturiert. In Vorpommern gab es schon in den 1980er Jahren Dörfer, in denen etwa 30 % aller Schüler lernbehindert waren, und diese Entwicklungen haben sich nach 1989 fortgesetzt. In Österreich ergaben sich für den Musterungsjahrgang 1987 ebenfalls deutliche landschaftliche Unterschiede aus. Rust im Burgenland hat einen mittleren IQ unter 90, das entspricht etwa dem mittleren IQ der Bäcker, Maler, Fleischhacker und Maurer Österreichs. Die Nobelvororte Wiens und Mödling hingegen haben einen mittleren IQ um 110, d.h. einen mittleren IQ etwas höher als der von Werkzeugmachern.[70] Österreichische Abiturienten hatten 1984 einen mittleren IQ von 122, Fachschüler 111, Hauptschüler mit Beruf 101, ohne Beruf 96 und Volksschüler 86.

Viele Männer erkauften Besitz und Bildung durch eine sehr späte Heirat und bezahlten ihren sozialen Aufstieg in vielen Fällen mit langer Ehelosigkeit. Bei der Heirat war ein Drittel der Männer des Besitz- und Bildungsbürgertums um 1780 älter als 31 Jahre, 10 % älter als 38 Jahre. Um 1850 trat jedoch eine neue Gruppe auf, die jungen Unternehmer. Besonders die Gründer von Firmen heirateten früh und erfolgreich, ihre kinderreichen Ehen wurden nicht geschieden.

---

69 Neymark 1961, 177 in Weiss 2012, 272
70 Redl 1991, 177 in Weiss 2012, 276

Je höher der soziale Status ist, desto größer ist der mittlere Altersunterschied zwischen den Ehepartnern. Der in „reifen" Jahren um die 30 heiratende Besitz- und Bildungsbürger hatte eine Ehefrau um die 22, die damit so jung war wie bei anderen Klassen und Schichten auch. Demzufolge war auch die eheliche Fruchtbarkeit keineswegs geringer und wegen der niedrigeren Kindersterblichkeit die Zahl der groß gewordenen Kinder höher als bei den Armen.

Von den vielen Korrelationen zwischen Ehemann und Ehefrau ist eine der höchsten die für den IQ. Eine Überblicksarbeit ergab aus 43 Einzeluntersuchungen eine durchschnittliche IQ-Korrelation für die Ehepartner von 0,45. Elternpaare mit relativ großen Unterschieden im IQ haben weniger Kinder als solche mit geringeren Unterschieden. Das Bildungssystem ist der wichtigste Heiratsmarktplatz geworden, den es gibt. 1997 waren von den 35- bis 39jährigen altbundesdeutschen Akademikerinnen nur noch 64 % verheiratet, das unverheiratete Drittel war meist auch kinderlos. Ähnliche Zahlen findet man heute in allen Industrieländern. Da die studierte Frau keine Mangelware mehr ist, sondern eher im Überangebot auftritt, konnten bei den 30- bis 39jährigen Akademikerinnen nur noch 61 % einen Akademiker heiraten, gegenüber 73 % bei den 50- bis 59jährigen Akademikerinnen. Nach dem Mikrozensus der Volkszählung von 1997 betrug die Zahl der Kinder bei deutschen Akademikerinnen nur noch 1,14. Ungelernte hingegen hatten 2,01 Kinder. Nahezu 40 % der westdeutschen Akademikerinnen im Alter von 40 Jahren sind kinderlos und werden es, von wenigen Ausnahmen abgesehen, auch bleiben.

Der wachsende Prozentanteil der Kinder, die in Armut aufwachsen, ist eines der schmerzlichsten Probleme der Sozialpolitik. Je höher der Anteil der Kinder ist, die in Haushalten mit einer alleinerziehenden Frau leben, desto größer ist der Anteil der Kinder, die in Armut leben. Auch *„im deutschen System erhalten Familien mit niedrigem oder gar keinem Einkommen Prämien für ihre Kinder"*, merkt Sarrazin an.[71] *„Insoweit ist die soziale Schieflage in der deutschen Geburtenstruktur nicht verwunderlich. Auch für das einkommensunabhängige Kindergeld in Deutschland gilt: Wenn überhaupt, dann entfaltet es Anreizwirkungen im Bereich niedriger Einkommen und damit bei den Falschen. Die USA haben längst etwas gegen die hohe Zahl der Unterschichtgeburten in ihrem Land unternommen."*
Sarrazin weiter: *„Um eine Mindestabsicherung zu erhalten, … sind weder schulische Grundkenntnisse noch ein gewisser Fleiß, noch*

---

71 Zitiert nach Sarrazin 2010, 86 in Weiss 2012, 285

Pflichtbewußtsein im sozialen und familiären Zusammenhang, ja eigentlich überhaupt keine Eigenschaften und Fähigkeiten erforderlich, die über das reine Existieren hinausgehen. ... Für die moralisch und geistig Schwächeren in der Gesellschaft ist dies eine große Versuchung. ... In Berlin stammen mittlerweile 35 % der Schulkinder aus Haushalten von Transferempfängern, in Bremen sind es 30 %, in Hamburg 25 % und im Bundesdurchschnitt 16 %. Nicht Kinder produzieren Armut, sondern Transferempfänger produzieren Kinder. In Deutschland bekommen diejenigen, die von sozialer Unterstützung leben, deutlich mehr Kinder als der vergleichbare Rest der Bevölkerung.

Damit wächst in unserem Bildungssystem der Anteil der Kinder aus bildungsfernen Unterschichtfamilien kontinuierlich." (D. h., es wächst der Anteil der Kinder mit niedrigem IQ.) *„Nach Abschluss einer meist wenig erfolgreichen Schullaufbahn schlagen die wenig qualifizierten Kinder großenteils den Weg ihrer Eltern ein und bekommen* [bereits in jungen Jahren] *wieder überdurchschnittlich viele Kinder. Systematische Unterschiede in der Fruchtbarkeit* [und des Generationenabstandes] *verschiedener Gruppen bedeuten in wenigen Generationen eine radikale Verschiebung der Bevölkerungsverhältnisse. Deshalb wird das unterschiedliche generative Verhalten von Unterschicht und Rest der Bevölkerung auf Dauer unsere Gesellschaft verändern"*, meint der SPD-Politiker Sarrazin.[72]

Kinderreiche Familien mit mindestens drei Kindern machen 40–50 % der Bewohner von Obdachlosenunterkünften aus. Etwa die Hälfte der Kinder aus obdachlosen Familien werden in Sonderschulen überwiesen und nur etwa 20 % erlernen einen Beruf.[73] Diese Zahlen weisen darauf hin, daß es sich nicht nur um eine Folge der sozialen Umwelt handelt, sondern um eine Gemengelage aus geringer Denkkraft, Persönlichkeitsstörungen (auch mit genetischen Komponenten) und Umweltschäden.

---

72 Zitiert nach Sarrazin 2010, 147 ff. in Weiss 2012, 286
73 Nach Geissler 2006, 218 in Weiss 2012, 287

RASSE UND IQ

Rasse und IQ

Hat es überhaupt für das Alltagsleben irgendeine Bedeutung, wenn man weiß, daß der IQ-Unterschied zwischen Rassen oder Völkern einen genetischen Hintergrund hat? Viele Schwarze sind klüger als eine große Anzahl von Weißen. Unterschiede in den Mittelwerten und in den Genfrequenzen sind nutzlos, wenn es um die Einschätzung von Einzelpersonen geht. Wenn ein Arbeitgeber einen begabten Menschen mit einem IQ von 130 sucht, dann hat es keine Bedeutung, ob das Gesicht des Bewerbers weiß, schwarz oder gelb ist. Und wenn man ein Lehrer ist, der vor einer Klasse steht, deren Schüler verschiedenen Rassen angehören, dann weiß der Lehrer keinen Deut mehr über seine Schüler und ihre Leistungen, wenn er irgendwo gelesen hat, statistische Gruppenunterschiede hätten etwas mit Genen zu tun. Falsch ist aber die Auffassung, psychische Leistungsunterschiede hätten überhaupt nichts mit Sprache und Rasse zu tun.

Lynn hat Statistiken über IQ-Tests, Schulleistungstests, Bildungsabschlüsse, Einkommensverteilung, Sozialstatus und manches mehr für zahlreiche Staaten zusammengestellt und schlußfolgert dann: *„Die Ergebnisse bestätigen die Thesen des Buches ‚The Bell Curve‘ (Herrnstein und Murray 1994). In der ganzen Welt gibt es rassische Hierarchien, und die Rassen mit den höchsten IQ-Mittelwerten stehen an erster Stelle bei Bildungserfolgen, Einkommen und Sozialstatus, im Gesundheitszustand in der Lebensdauer, und an letzter Stelle bei Kriminalität, Kindersterblichkeit und Fruchtbarkeit. … Es sind stets die Europäer, die Ostasiaten und die Juden, welche die höchsten IQ-Mittelwerte haben und sich in den sozialökonomischen Hierarchien gut plazieren. … In multirassischen Gesellschaften gibt es drei Rassengruppen, die mit ihren zwischen den Extremen liegenden IQ-Mittelwerten auch in der sozialökonomischen Hierarchie in der Mitte liegen. Das gilt für die Inder in Großbritannien, in Ostafrika und in Südafrika. Diese Zwischengruppen sind häufig Mischlinge zwischen den Rassen, wie die Mestizen in Lateinamerika und die Latinos in Nordamerika. … Es gilt auch für die Mulatten in der Karibik und Brasilien und für die Colored in Südafrika. … Für Sozialwissenschaftler ist eine Erklärung dafür besonders schwierig, warum einige Minderheiten, die als verarmte Einwanderer gekommen sind, ziemlich rasch in den sozialökonomischen Hierarchien aufgestiegen sind, während andere im Bodensatz der Gesellschaft geblieben sind. Wie soll man*

*die raschen sozialökonomischen Erfolge der Chinesen und Japaner in
den USA, Kanada, Lateinamerika, Hawaii, Europa und Südostasien
erklären? Wie die raschen sozialökonomischen Erfolge der Juden aus
den USA, Kanada und Großbritannien erklären? Die einzige vernünftige Erklärung ist der hohe IQ dieser Menschen.*"[74]

Nach den Erkenntnissen der Genetik vererben sich Gene für IQ
und Persönlichkeitseigenschaften, Hautfarbe und andere Rassemerkmale unabhängig voneinander. Das heißt, der Zusammenhang zwischen IQ und Rasse ist nicht von primär-kausaler Art, sondern entsteht sekundär über den Sozialstatus. Hochintelligente Menschen gibt
es in allen Rassen, jedoch mit unterschiedlicher Häufigkeit, woraus
die IQ-Mittelwertunterschiede der Menschengruppen folgen.

Ein Rassist ist derjenige, der für eine Vorentscheidung, ob er die
eine andere Person für einen bestimmten Arbeitsplatz einstellt, dafür nicht die persönliche Leistungsfähigkeit der Bewerber zugrunde
legt, sondern der schon aufgrund der Hautfarbe oder anderer äußerer
Merkmale eine Auswahl trifft und so einen Teil der Bewerber ausschließt. Für einen Rassisten sind die äußeren Merkmale das gleiche
wie die Uniformen der Soldaten im Krieg. Wer eine Uniform trägt, gehört damit zu einer bestimmten Gruppe, die bei einer Auseinandersetzung zu den Freunden oder den Feinden gehört. Die Unterscheidung
von Gruppen oder Rassen hat somit im Konfliktfall die Aufgabe,
unter Umständen lebenswichtige Entscheidungen ohne Verzögerung
treffen zu können. Solange es Gruppenunterschiede und Konflikte
gibt, solange wird es auch Formen von Rassismus geben. Für einen fähigen Bewerber, der allein wegen seiner Rasse von einem bestimmten
Arbeitsplatz ausgeschlossen wird, ist das stets ein schlimmes Erlebnis,
das ihn prägt. Aus gutem Grund gilt deshalb Rassismus im Alltagsleben aller fortgeschrittenen Gesellschaften als etwas Verwerfliches.

Manche glauben, den Rassismus dadurch aus der Welt schaffen
zu können, indem sie der Welt Farbenblindheit verordnen und den
Begriff Rasse überhaupt abschaffen. Alle Menschen seien gleich, und
wer Gruppenunterschiede feststellt, indem er zum Beispiel den IQ testet, der wäre ein Rassist. Bei dieser zweiten Definition von Rassismus
durch die Gleichheitsideologen werden ganze Forschungszweige, die
sich mit Unterschieden zwischen Menschen befassen, als „Rassismus"
und „Rassismus der Intelligenz" verleumdet.

*„Mehrheitlich projiziert der Westen politische Trugbilder auf den
schwarzen Kontinent im Allgemeinen und auf Südafrika im Besonderen"* (Winkelmann 2010, 214). In Südafrika wird keiner auf den
Gedanken kommen, Rassen existierten nur in der Einbildung. Wie
sollte man sonst eine Politik fortsetzen, bei der die Schwarzen bei

---

74 Zitiert nach Lynn 2008, 289 ff. in Weiss 2012, 320

Anstellungen, etwa im öffentlichen Dienst, gegenüber Weißen zu bevorzugen sind? Von 1904 bis 2015 hat sich im Land das Zahlenverhältnis von Nicht-Weiß zu Weiß von 78 zu 22 auf 92 zu 8 verschoben. Weniger als 5 % der bis zu fünf Jahre alten Kinder sind Weiße (so auch in der Projektion von Volkert 1940, 30). Wenn die IQ-Angaben bei Lynn und Vanhanen richtig sind (Schwarze Südafrikas mittlerer IQ 66, Weiße 94, Farbige 82), dann ist der mittlere IQ Südafrikas von 1890 bis 2000 von 81 auf gegenwärtig rund 70 gesunken und sinkt weiter. Ein mittlerer IQ der Schwarzen Südafrikas von 66 bedeutet, daß nicht mehr als 0,01 % von ihnen den kritischen Wert von IQ 105 überschreitet, der für eine erfolgreiche Selbständigkeit im Wirtschaftsleben notwendig ist. Das sind zu wenig Schwarze, um in der fortgeschrittenen Industriegesellschaft Südafrikas die zahlreichen Arbeitsstellen hoher und mittlerer Qualifikation zu besetzen und selbständige Gewerbe mit Erfolg zu betreiben, geschweige denn die Weißen von ihren Arbeitsplätzen zu verdrängen, ohne die Wirtschaft zu ruinieren.

Der Zusammenhang zwischen dem mittleren IQ eines Landes und seiner Wirtschaftskraft besteht weltweit, und Südafrika nimmt dank des Potentials seiner Weißen und Farbigen und seiner Bodenschätze heute noch eine Stellung ein, die weit besser ist, als man bei dem mittleren IQ des Landes erwarten sollte.

Der 1922 von Cousins erahnte Machtwechsel hat 1994 stattgefunden; der „eine Tag", an dem die Massenflucht der Weißen einsetzt, indes noch nicht. Seit 1994 ist etwa ein Fünftel der Weißen Südafrikas ausgewandert, rund eine Million Personen. *„Ein Mann lebt in einem Haus, das vollgestopft ist mit Besitztümern. Die arm und hungrig sind, klopfen an seine Tür. Einige drängen ihm, die Tür zu öffnen, andere sagen ihm, er dürfe das niemals tun. Dann kommt das letzte, diesmal herrische Klopfen näher, und er begreift, daß er die Tür aufmachen muß. Als er sie öffnet, sieht er den Tod, der ihn erwartet"* (Seelmann-Eggebert 1978, 248). Seit 1994 sind bei Überfällen mehr als 3600 weiße Farmer ermordet worden.

Der Zusammenhang zwischen Regierungsform und durchschnittlichem IQ eines Landes ergibt sich zwangsläufig: Nehmen wir an, der Regierungschef eines schwarzafrikanischen Landes mit einem mittleren IQ von 70 sei selbst hochintelligent. Der Mann wird aber, auch wenn er in Cambridge oder in Paris studiert hat, bald feststellen müssen, daß er in seinem Land nicht die Zahl von fähigen Mitstreitern findet, die ein effizientes oder gar demokratisches System nun einmal braucht. Mit Scheindemokratie, Vetternwirtschaft, Korruption und einem funktionierenden Polizeiapparat hingegen kann man sich indes

Jahrzehnte an der Macht halten, ob man nun Mugabe, Duvalier oder sonstwie heißt.

Mit einem derartigen IQ und derartigem Personal kann man ja nicht einmal den Dauerbetrieb einer Eisenbahnlinie aufrechterhalten! Und so entwickelte es sich ja auch in Zentralafrika, wo nach dem Abzug der Weißen Jahre später keine der zu Kolonialzeiten gebauten Eisenbahnlinien mehr funktionierte. Inzwischen stoßen die Chinesen in diese Lücke und erneuern die Eisenbahnlinien, um wieder Rohstoffe abtransportieren zu können. 2010 sprachen die Nachrichten bereits von bis zu einer Million Chinesen, die in Afrika arbeiten.

Da an PISA auch einige lateinamerikanische Länder teilnahmen, kann man seit 2000 die in IQ-Werte umgerechneten Ergebnisse der PISA-Studien seit 2000 mit den Werten vergleichen, die Jahrzehnte früher in IQ-Tests erreicht wurden. Dabei ergibt sich für die lateinamerikanischen Länder der Geburtsjahrgänge ab 1985 ein klarer Trend nach unten: Brasilien laut Lynn-Vanhanen von IQ 87 auf PISA-IQ 81, Argentinien von IQ 96 auf 82, Chile von IQ 93 auf 88, Kolumbien von IQ 89 auf 83, Mexiko von IQ 87 auf 85, Panama von IQ 85 auf 77, Peru von IQ 90 auf 87 und Uruguay von IQ 96 auf 87.

Im Falle Brasiliens liefern uns die demographischen Statistiken die Gründe, die gleichermaßen für die anderen lateinamerikanischen Länder gelten dürften, aber auch für weitere Länder der Dritten Welt außerhalb Amerikas (zum Beispiel für Indonesien). 1850 hatte Brasilien 7 Millionen Einwohner, 1940 41 Millionen, 1980 111 Millionen und 2015 205 Millionen. In Brasilien findet damit die Bevölkerungsexplosion statt, die andere Industrieländer ein reichliches Jahrhundert früher erlebt haben.

1940 fand in Brasilien eine Volkszählung statt, bei der man noch feststellte: *„Die Fruchtbarkeit der Negerfrauen ist etwas niedriger als bei den anderen Gruppen. … In ländlichen Berufen ist die Fruchtbarkeit bei den Arbeitgebern und Selbständigen am höchsten. Auch in städtischen Berufen ist die Fruchtbarkeit dieser zwei Gruppen im allgemeinen höher als bei den Arbeitnehmern. Die größere wirtschaftliche Sicherheit und der Wohlstand der Arbeitgeber und Selbständigen erleichtert – im Vergleich zu den Arbeitnehmern – die Elternschaft und verringert die wirtschaftlichen Hindernisse, die dazu beitragen, die Größe der Familien zu begrenzen."*[75] Mindestens bis in die Zeit des Zweiten Weltkrieges, also für die Geburtsjahrgänge der Frauen von 1900 und 1910, gab es demnach in Brasilien noch eine positive Selektion auf einen höheren IQ. Aber die Zahlen der Volkszählungen 1970 und 1980 sprechen eine ganz andere Sprache. In Brasilien hatten die

---

75 Zitiert nach Mortara 1958, 497 f. in Weiss 2012, 354

2,5 % der Frauen, die in Haushalten mit einem Spitzeneinkommen lebten, bereits 1970 eine Kinderzahl unter 2,0. In den vier ärmsten Gruppen, die etwa 48,5 % der Bevölkerung ausmachten, hatten die Frauen hingegen im Durchschnitt 7,4 Kinder. Ihr Bevölkerungsanteil vergrößerte sich damit bis 2000 auf 58 %, der Anteil der Nachkommen der einkommensstärksten Bevölkerung sank auf 1,4 %.[76] Diese Entwicklung setzt sich in der unmittelbaren Gegenwart fort. Zahlen mit ähnlicher Aussage liegen für mehrere lateinamerikanische Länder vor (Martin und Juarez 1995).

Der mittlere IQ der Japaner in Brasilien beträgt 99, der Weißen 95, der braunen Mulatten 81 und der Schwarzen 71 (getestet 2001 mit Ravens PM bei Schülern, Geburtsjahrgang 1990).[77] 2007 waren unter den reichsten 1 % Brasilianern 86 % Weiße, unter den 10 % ärmsten 74 % Schwarze und Braune. Auch die Generationenfolge ist bei den Armen rascher. *„In São Paulo folgten 42 % der minderjährigen Schwangeren dem Beispiel ihrer Mütter, die ebenfalls bereits als Heranwachsende geboren hatten.“*[78] Nach den Volkzählungsergebnissen von 1980 hatten die weißen Frauen in Brasilien mit abgeschlossener Fruchtbarkeit durchschnittlich 3,5 Kinder, die braunen 5,6, die schwarzen 5,1.

Die Juden und der Staat Israel

Wie mit einem Brennglas ist die Geschichte der Industriegesellschaft in der Geschichte des Judentums fokussiert. *„Aus einem kleinen, 3 Millionen Seelen zählenden Volk ... entwickelten sich die Juden in einem Zeitraum von nur 100 Jahren zu einem Fünfzehnmillionenvolk. ... Von 1825 bis 1925 ... ist das jüdische Volk anderthalbmal so stark angewachsen wie die Bevölkerung Europas“*, lautete eine Zwischenbilanz[79] zu einem Zeitpunkt, als das Judentum seinen demographischen Gipfel bereits überschritten hatte.

Theodor Herzl (1860–1904) schrieb 1897 in seinem Buch „Der Judenstaat“: *Die Judenfrage besteht überall, wo Juden in merklicher Anzahl leben. Wo sie nicht ist, da wird sie durch hinwandernde Juden eingeschleppt. Wir ziehen natürlich dahin, wo man uns nicht verfolgt; durch unser Erscheinen entsteht dann die Verfolgung. ... . In Russland werden Judendörfer gebrandschatzt, in Rumänien erschlägt man ein paar Menschen, in Deutschland prügelt man sie gelegentlich durch, in Oesterreich terrorisieren die Antisemiten das ganze öffentliche Leben, in Paris knöpft sich die sogenannte bessere Gesellschaft*

---

76 Wood und Carvalho 1988, 190 in Weiss 2012, 354
77 Lynn 2008, 68 in Weiss 2012, 354
78 Zitiert nach Wöhlcke 1994, 128 in Weiss 2012, 355
79 Zitiert nach Lestschinsky 1929, 123 ff. in Weiss 2012, 312

zu. ... Ich glaube, der Druck ist überall vorhanden. ... Dabei produciren wir rastlos mittlere Intelligenzen, die keinen Abfluss haben und dadurch eine ebensolche Gesellschaftsgefahr sind, wie die wachsenden Vermögen. Die gebildeten und besitzlosen Juden fallen jetzt alle dem Socialismus zu [dazu Toury 1966]. *... In den Hauptländern des Antisemitismus ist dieser eine Folge der Juden-Emancipation. ... In den Bevölkerungen wächst der Antisemitismus täglich, stündlich, und muss weiter wachsen, weil die Ursachen fortbestehen und nicht behoben werden können. ... Wir werden nach unten hin zu Umstürzlern proletarisirt, bilden die Unterofficiere aller revolutionären Parteien und gleichzeitig wächst nach oben unsere furchtbare Geldmacht. .... Ja, wir haben die Kraft, einen Staat, und zwar einen Musterstaat zu bilden. ... Weitaus die meisten jüdischen Kaufleute lassen ihre Söhne studiren. Daher kommt ja die sogenannte Verjudung aller gebildeten Berufe."*

In seinem monumentalen Werk über die „Soziologie der Juden" schrieb der Zionist Arthur Ruppin (1876–1943) 1930: „*Beurteilt man die geistigen Anlagen ... auf Grund der kulturellen Leistungen ihrer höchsten Vertreter, so geht quantitativ der Anteil der Juden an der kulturellen Entwicklung der Menschheit zweifellos weit über ihren Prozentsatz an der Kulturmenschheit hinaus. ... Es gibt kein Gebiet menschlichen Schaffens, in dem Juden nicht mit hochwertigen Leistungen vertreten sind.*"

Der Aufstieg der Industriegesellschaft ist von einem Anstieg des mittleren IQ der Weltbevölkerung vorbereitet und begleitet worden (Woodley und Figueredo 2013), insbesondere auch von einer Selektion der Gene für unternehmerische Fähigkeiten in den Industrieländern selbst; der Abstieg verbunden mit einem Sinken des mittleren IQ, auch bei Juden. In der weltweiten Aufschwungphase, von 1800 bis 1930, vermehrten sich die Juden weltweit von 2,5 Millionen auf fast 16 Millionen. In diesem Zeitraum kam in keinem Land die Vermehrung der Bevölkerung der Vermehrung der Juden auch nur annähernd gleich.

Die Juden betrieben über Jahrhunderte hinweg eine gezielte und erfolgreiche gruppenbezogene Familien- und Bildungspolitik. Für einen reichen Mann war es eine Ehre, einen armen jungen, aber intelligenten Mann in seiner Ausbildung zu fördern, ja ihn zum Schwiegersohn zu haben: „*Ein Mann soll alles verkaufen, was er hat, damit er die Tochter eines gelehrten Mannes heiraten kann, oder er soll seine Tochter an einen gelehrten Mann oder anderen Mann mit Charakter verheiraten, weil er dann sicher sein kann, daß seine Kinder intelligente Menschen sein werden. Denn aus der Ehe mit einem Unwissenden können nur unwissende Kinder entstammen*", steht im Talmud. Die

Heiratswerber im jüdischen Schtetl notierten nicht nur die Namen der Jugendlichen im heiratsfähigen Alter, sondern auch die Anzahl der Gelehrten unter den Verwandten der Eheanwärter; und danach richtete sich dann die Mitgift. *„Geleitet von den rabbinischen Lehren, beruhte das Heiratsideal der Juden … auf dem Intellekt der zukünftigen Schwiegersöhne und -töchter und deren Eltern. Sie hatten anscheinend einen festen Glauben an die Macht der Vererbung und handelten demgemäß. Die Reichen suchten junge Leute mit Kenntnissen, und wenn sie keinen passenden jungen Gelehrten in ihrem gesellschaftlichen oder wirtschaftlichen Kreise fanden, zögerten sie keinen Augenblick, ihre Töchter einem armen Gelehrten zu vermählen. … Sobald in einer Gemeinde ein Junge als befähigt und versprechend entdeckt worden war, fand sich sicher alsbald ein Reicher, der ihn so lange unterstützte, bis er reif war, seines Wohltäters Tochter zu heiraten. In vielen Fällen wurde er noch jahrelang nach der Eheschließung versorgt."*[80]

Am 25. August 1933 schlossen die Jewish Agency und das deutsche Reichsministerium für Wirtschaft das Haavara-Abkommen, das Juden die legale Ausreise nach Palästina und die Transferierung eines Teils ihrer Vermögen ermöglichte. In den Akten des Auswärtigen Amtes sind mehrere Schriftstücke enthalten, in denen Hitler zu diesem Abkommen Stellung nahm und *„entschieden hat, daß die Judenauswanderung aus Deutschland mit allen Mitteln gefördert werden soll, wobei sich diese in erster Linie nach Palästina zu richten habe. … Der Gesamtbetrag des aus Deutschland nach Palästina transferierten jüdischen Vermögens war 139,6 Millionen Reichsmark."*

Unter den von der Mandatsregierung Palästinas vorgesehenen Einwanderergruppen war nur die als Kategorie A1 bezeichnete Kapitalisteneinwanderung zahlenmäßig unbeschränkt und ausschließlich an den Nachweis eines Eigenkapitals gebunden. Die fünfte jüdische Einwanderungswelle *„brachte im Verlauf von neun Jahren 44 000 Einwanderer der Kategorie A1 nach Palästina. … Der Anteil der A1-Einwanderung aus Deutschland erhöhte sich ab 1936 von Jahr zu Jahr und erreichte 1939 82 % der gesamten Kapitalisten-Immigration"* (Feilchenfeld et al. 1972, 94). *„Von den rund 500 000 Juden, die im Jahre 1940 das jüdische Gemeinwesen in Palästina bildeten, waren nur rd. 75 000 Einwanderer, die seit 1933 aus Mitteleuropa gekommen waren, und von diesen stammten ca. 55 000 aus Deutschland. Aber diese Einwanderergruppe hatte die wirtschaftliche Struktur und das gesellschaftliche Gepräge tiefgreifend verändert. … So gewichtig und vielseitig ihr materieller Beitrag für den Aufbau war, so war das*

---

80 Zitiert nach Fishberg 1918 in Weiss 2012, 342

Menschenmaterial dieser Einwanderung von womöglich größerer Bedeutung für die Gestaltung des jüdischen Gemeinwesens. ... Forscher und Lehrer, Ärzte und Ingenieure, geschulte Beamte und erfahrene Fachleute der Wirtschaft und Technik" (Feilchenfeld et al. 1972, 32).

Als 1948 der Staat Israel gegründet worden war, hatten diese Ashkenasim die Kontrolle in allen Schlüsselpositionen. Sie stellten die politische und kulturelle Elite des Landes. Ab Mitte der 1950er Jahre wurden die Einwanderer der zweiten Welle aus arabischen und muslimischen Ländern nach der Einreise oft direkt in die Entwicklungsstädte überwiesen, wo sie als Arbeiter in den Industriebetrieben eingestellt wurden. Bis 1988 erreichten diese Mizrachim durch ihre hohe Kinderzahl und damit durch ihr in einer Demokratie steigendes Gewicht eine Quotenregelung bei der Besetzung von Ämtern und verstärkte Beihilfen für ihre Wohngebiete.

Als 2002 Lynn und Vanhanen schrieben, der mittlere IQ Israels wäre 94, schien das einer der wenigen groben Fehler ihres Buches zu sein. Wir kennen zahlreiche Statistiken, die europäischen Juden und insbesondere Ashkenasim einen mittleren IQ über 100 bescheinigen, auf der anderen Seite stehen die deutlich niedrigeren Werte für das heutige Israel. Bei letzteren handelt es sich nicht um den Mittelwert der Juden in Israel, sondern bei den PISA-Studien um den Mittelwert der Schüler, die auf dem Staatsgebiet von Israel zur Schule gehen. Um 2010 waren drei Viertel der Einwohner von Israel staatsrechtlich Juden, rund ein Fünftel arabische Bürger Israels. Nur 22 % der Einwohner Israels sind Juden europäischer Herkunft; rund 50 % Mizrachim.

Der überdurchschnittliche mittlere IQ wurde nur bei Ashkenasim gefunden. Das sind Juden, deren Vorfahren im Mittelalter im Rheinland lebten, die sich nach ihrer Vertreibung dort in vielen Generationen in Polen und Litauen vermehrten und nach Einsetzen der Pogrome nach Amerika oder in europäische Länder auswanderten. Ein Teil der Überlebenden der Verfolgungen sammelte sich in Israel. Die Juden aus arabischen Ländern, die Mizrachim, haben einen mittleren IQ wie die Araber dieser Länder auch.

Die Bevölkerungsanteile nach Herkunft (Ostrer und Skorecki 2013) entsprechen aber nicht den Anteilen der Schüler, die in Israel bei PISA getestet werden: 1995 hatten jüdische Frauen europäischer Herkunft 2,6 Kinder, bei einer Herkunft aus Asien und Afrika 5,9 Kinder, muslimische Frauen 8,0 Kinder und Frauen christlicher Araber 4,9 Kinder.[81] Das bedeutet: In den Schulen Israels entspricht der Anteil der Kinder mit Ashkenasim-Herkunft nur etwa der Hälfte ihres Anteils unter den Erwachsenen. Über den Durchschnitts-IQ der

---

81 Kanaaneh 2002, 57 in Weiss 2012, 324

Schüler wird man sich, wenn man diese Zahlen kennt, nicht mehr wundern. *„Da Familiengröße und Einkommen in umgekehrtem Verhältnis zueinander stehen, … so wird eine Fortsetzung der kopfstarken Familien bei bestimmten ethnischen Teilen der jüdischen Bevölkerung den Kreislauf der Armut fortpflanzen.“*[82]

Etwa 10 % der Juden in Israel bekennen sich zu den Haredim, den Gottesfürchtigen. Zu diesen Ultraorthodoxen zählt man zahlreiche Zweige mit mehr oder weniger unterschiedlichen Glaubens- und Wertvorstellungen, *„aber ihre Geburtenzahl ist fast dreimal so hoch wie die der Säkularen. … Ein Viertel der jüdischen Erstkläßler ist bereits ultraorthodox.“*[83] Rund 60 % der Väter dieser Kinder haben kein Einkommen aus Erwerbstätigkeit.

„Wenn man diesen langfristigen Entwicklungen nicht entgegenwirkt, stellen sie eine Bedrohung für die politische, soziale und kulturelle Position des jüdischen Staates und seiner Sicherheit dar.“[84] Bei den Ashkenasim gibt es einen aktiven pro-eugenischen Flügel. Der Staat Israel gestattet die künstliche Befruchtung, und die Knesset hat am 3. März 1996 die Leihmutterschaft per Gesetz legalisiert. Auf der anderen Seite ist *„die Bevölkerungspolitik Israels darauf gerichtet, … die Familiengröße der Unterschichten durch Geburtenkontrolle zu verkleinern“.*[85] Die Beihilfen für Kinder wurden 2004 dreimal beschnitten.

Angesichts des prozentualen Anwachsens der ultraorthodoxen religiösen Juden, die in Israel zum Teil die aktive Wehrpflicht verweigern, und den inneren Verschiebungen der Bevölkerungsanteile, steht dem Staat Israel die eigentliche Bewährungsprobe vor der Geschichte erst noch bevor. Der Historiker Avraham Barkai, der seit 1938 in einem Kibbuz lebt, stellt im Rückblick auf das Gesamte ernüchtert *„eine Senkung des Lebensstandards auf allen Gebieten“* seit 1985 fest sowie *„dass das Niveau des Erziehungswesens, vom Kindergarten bis zu den Universitäten, von Jahr zu Jahr sinkt“.*[86]

Wenn Intelligenz (und damit korrelierter Besitz) schon seit zig Generationen einen großen evolutionären Vorteil gebracht hat, warum ist die Intelligenzverteilung in der Bevölkerung weltweit nicht eine völlig andere? Die Antwort liegt in der Universalität der sozialen Hierarchie: Es gibt so etwas wie ein feststehendes zahlenmäßiges Verhältnis zwischen der Anzahl der Führungspositionen und der Anzahl der Untergegeben, die Zahl der Zwischenglieder und nachwachsenden

---

82 Zitiert nach Ritterband 1981, 241 in Weiss 2012, 324
83 Zitiert nach Mittelstaedt 2012, 91 in Weiss 2012, 324 f.
84 Zitiert nach Ritterband 1981, 259 in Weiss 2012, 325
85 Zitiert nach Ritterband 1981, 267 in Weiss 2012, 325
86 Zitiert nach Barkai 2011, 205 und 187 in Weiss 2012, 348

Anwärter auf Führungspositionen inbegriffen. Dieses Verhältnis ist über lange Zeiten annähernd gleich geblieben, und es gilt auch für die multiplen Hierarchien der Staatsverwaltung und der modernen Industrie, für die bei 8–9 % für Stab und technisches Personal eine Sättigungsgrenze erreicht ist. Ändert sich das Verhalten, so daß ein relativer Überschuß an Hochbegabten aufwächst (wie zum Beispiel in den Familien der französischen Hugenotten vor ihrer Vertreibung) und geht das bei einer Gruppe mit einer entsprechenden Vermehrung von verdeckten Machtpositionen – zum Beispiel wirtschaftlichen Positionen – einher, droht die gewaltsame Entladung der entstehenden sozialen Spannung; dann drohten bisher in der Geschichte Bartholomäusnächte und Vertreibung. Der Teil an qualifizierten und einträglichen Stellen, der von einem Bevölkerungsteil besetzt ist, kann nicht gleichzeitig auch von einem anderen Bevölkerungsteil besetzt werden. Der Spielraum, in dem soziale Systeme einen Überschuß an Intelligenz ohne Führungskompetenz ertragen, scheint gering. Unter demokratischen oder sonstwie geregelten Verhältnissen werden Kinderzahlen durch Steuern, Wohnungen und Arbeitsplätze reguliert. Eine qualitative Bevölkerungspolitik läßt sich nur dann ansatzweise verwirklichen, wenn sie offiziell kein Ziel ist und nicht als solches offen diskutiert wird, sondern aus dem schweigenden Einverständnis der Wissenden und politisch Handelnden überparteilich wächst (Sänger-Bredt 1981).

Die muslimische Einwanderung

In Deutschland ist der mittlere IQ von Schülern mit türkischem Hintergrund 18 IQ-Punkte niedriger als der IQ der Deutschen.[87] In der zweiten Einwanderergeneration (die in Deutschland geboren und aufgewachsen ist) ist er sogar 3 IQ-Punkte niedriger als in der ersten.[88]

„Eine Zuwanderungs- und Integrationsproblematik, die … sich nicht mit der Zeit automatisch erledigt, gibt es heute in Deutschland ausschließlich mit Migranten aus der Türkei, Afrika, Nah- und Mittelost, die zu mehr als 95 % muslimischen Glaubens sind. … Der Anteil der Muslime an der Bevölkerung unter 15 Jahren liegt heute bereits bei 10 %, ihr Geburtenanteil noch deutlich höher.“ Das war bereits der Stand[89], fünf Jahre bevor eine kinderlose Pfarrerstochter glaubte, in der Mitte Europas für eine weitere Million Muslime das Tor in ein Gelobtes Land öffnen zu müssen (Bernig 2016; Fritze 2016).

„Heute leben rund 3 Millionen Menschen türkischer Herkunft in Deutschland. Ihr Anteil an den Geburten ist doppelt so hoch wie der

---

87 Zitiert nach Heus und Dronkers 2008 in Weiss 2012, 205
88 Zitiert nach Levels und Dronkers 2008 in Weiss 2012, 206
89 Zitiert nach Sarrazin 2010, 260 in Weiss 2012, 393

Bevölkerungsanteil und nimmt weiter zu. ... In Deutschland arbeiten ein Heer von Integrationsbeauftragten, Islamforschern, Soziologen, Politologen, Verbandsvertretern und eine Schar von naiven Politikern Hand in Hand und intensiv an Verharmlosung, Selbsttäuschung und Problemleugnung", schrieb Sarrazin schon 2010.[90]

„In allen betroffenen Ländern macht man bei der Gruppe der muslimischen Migranten vergleichbare Beobachtungen, nämlich
- *unterdurchschnittliche Integration in den Arbeitsmarkt*
- *überdurchschnittliche Abhängigkeit von Sozialtransfers*
- *unterdurchschnittliche Bildungsbeteiligung*
- *überdurchschnittliche Fertilität*
- *räumliche Segregation mit der Tendenz zur Bildung von Parallelgesellschaften*
- *überdurchschnittliche Religiosität mit wachsender Tendenz zu traditionalen beziehungsweise fundamentalistischen Strömungen des Islam*
- *überdurchschnittliche Kriminalität, von der ‚einfachen' Gewaltkriminalität auf der Straße bis hin zur Teilnahme an terroristischen Aktivitäten.*

Überall in Europa ging man zunächst davon aus, daß sich die Unterschiede in zwei, spätestens drei Generationen verwischen würden. Das geschah nicht, im Gegenteil: Unter den eingewanderten Muslimen und ihren Nachkommen nahm die Tendenz zu, sich kulturell und räumlich abzugrenzen. ... Die traditionalen autoritären Familienstrukturen blieben erhalten. Der soziale Druck auf Mädchen und Frauen, Kopftuch zu tragen, sich zu verhüllen und traditionell zu kleiden, stieg, und die optische Abgrenzung von der Mehrheitsgesellschaft trat immer deutlicher hervor. Das hatte zur Folge, daß in allen betroffenen europäischen Ländern die Aggressionen der autochthonen Mehrheitsbevölkerung gegen diese fremde Bevölkerungsgruppe wuchsen. ...

Das westliche Abendland sieht sich ... mit autoritären, vormodernen, auch antidemokratischen Tendenzen konfrontiert, die nicht nur das eigene Selbstverständnis herausfordern, sondern auch eine direkte Bedrohung unseres Lebensstils darstellen. ...

Das alles haben wir eigentlich gar nicht nötig. Wirtschaftlich brauchen wir die muslimische Migration in Europa nicht. In jedem Land kosten die muslimischen Migranten aufgrund ihrer niedrigen Erwerbsbeteiligung und hohen Inanspruchnahme von Sozialleistungen die Staatskasse mehr, als sie an wirtschaftlichem Mehrwert einbringen. Kulturell und zivilisatorisch bedeuten die Gesellschaftsbilder und Wertvorstellungen, die sie vertreten, einen Rückschritt. Demogra-

---

90 Zitiert nach Sarrazin 2010, 279 in Weiss 2012

phisch stellt die enorme Fruchtbarkeit der muslimischen Migranten eine Bedrohung für das kulturelle und zivilisatorische Gleichgewicht im alternden Europa dar", befürchtet Sarrazin.[91]

Bei den muslimischen Migranten entfielen auf 100 Menschen, die ihren Lebensunterhalt überwiegend aus Erwerbstätigkeit bestreiten, 44 Menschen, die überwiegend von Arbeitslosengeld und Hartz IV leben, bei der deutschen Bevölkerung sind das 10. Die Türken weisen die höchste Schulabbrecherquote, den niedrigsten Abiturientenanteil, die meisten Menschen ohne Berufsausbildung, die geringste Erwerbstätigenquote und die wenigsten Selbständigen auf. Aus der Umrechnung der für ein Land repräsentativen PISA-Testergebnisse ergibt sich für die Türkei ein mittlerer IQ von 87. Diese Zahl liegt dicht bei dem Mittelwert von einem IQ 90, wie er bei IQ-Tests in der Türkei selbst gefunden wurde. Für die Einwanderer der ersten Generation, also für Kinder, die in Deutschland geboren wurden und hier eingeschult worden sind, ergaben die PISA-Tests einen mittleren IQ von 86, für die der zweiten Einwanderergeneration einen IQ von 84. Die unterdurchschnittlichen PISA-Ergebnisse von Berlin, Hamburg, Bremen und anderen Großstädten kommen nicht dadurch zustande, weil in diesen Städten die deutschen Schüler besonders dumm sind – man würde ja sogar, wie es früher einmal war, in diesen Zentren sogar überdurchschnittliche Ergebnisse erwarten –, sondern weil vor allem die Ergebnisse türkischstämmiger und muslimischer Schüler die Durchschnitte nach unten drücken.

Bereits kurz nach Einsetzen der Masseneinwanderung im September 2015 veröffentlichte der Psychologie-Professor Heiner Rindermann im „Focus" einen „Weckruf", in dem er auf das für deutsche Verhältnisse zu niedrige mittlere intellektuelle Niveau der Einwanderer hinwies. Bei deren Ingenieuren handele es sich um *„Ingenieure auf Realschulniveau"*. Der Direktor des Instituts für Bildungsökonomie in München, Professor Ludger Wößmann, ergänzte in der „Zeit" (2015): *„In Syrien schaffen 65 Prozent der Schüler nicht den Sprung über das, was die OECD als Grundkompetenzen definiert. ... Das heißt, dass zwei Drittel der Schüler in Syrien nur sehr eingeschränkt lesen und schreiben können, dass sie nur einfachste Rechenaufgaben lösen können. Und das bedeutet, dass diese Schüler in Deutschland, selbst wenn sie Deutsch gelernt haben, kaum dem Unterrichtsgeschehen folgen können"*, und spätere Arbeitslosigkeit die Folge sein wird.

Wer glaubt, die Verhältnisse seien so stabil, daß sich eine Gemengelage aus sozialen und ethnischen Gegensätzen nicht zu einem inneren Krieg ausweiten könne, der schafft Tag für Tag die Grundlagen für kommende schwere Konflikte. Die großen und grausamen inneren

---

91 Zitiert nach Sarrazin 2010, 264 ff. in Weiss 2012, 394 f.

Auseinandersetzungen der unmittelbaren Gegenwart verlaufen alle entlang von Unterschieden, bei denen Sprache, Religion oder äußeres Erscheinungsbild (zusammen oder nur einer dieser Unterschiede) mit hartnäckigen sozialen Unterschieden zusammenfallen, d. h. ohne daß Hoffnung besteht, daß die Kluft durch soziale Mobilität –, durch sozialen Aufstieg – in wenigen Generationen überbrückbar ist.

FREIHEIT ODER GLEICHHEIT?

Freiheit oder Gleichheit?

Politik gibt es eigentlich nur, weil es Ungleichheit gibt, die sich wiederum aus dem Kampf um knappe Nahrung, begrenzten Raum und Geschlechtspartner ergibt.

Noelle-Neumann stellte die Hypothese auf, *„daß der Polarität von links und rechts zwei Werte entsprechen müssen, die in einem antagonistischen Verhältnis zueinander stehen. Dies trifft nun genau auf die Werte von Gleichheit und Freiheit zu. ... Man kann erkennen, daß die linken Werte die als soziale Gerechtigkeit verstandene Gleichheit befördern – nicht Chancengleichheit, wie oft schnell unterstellt wird, sondern faktische Gleichheit, Gleichheit des sozialen Ranges, Gleichheit der Einkommen, Gleichheit der äußeren Erscheinung, um nur einige Stichwörter zu nennen.“*[92] Es handelt sich also um das uralte kommunistische Wunschbild.

Für das Wunschbild der politischen Rechten gibt es eine einfache Fassung: Freiheit zur Ungleichheit, Freiheit statt Sozialismus! Gemeint ist, die Freiheit, verschiedene soziale Ränge zu erreichen und diesen Rang und seine Leistung nicht verheimlichen zu müssen; die Freiheit, verschiedene Bildungswege einschlagen zu können; die Freiheit, viel verdienen zu können und der Schutz des Eigentums; die Freiheit zur Mode, die Freiheit zum Wettbewerb und vieles mehr. Wer hingegen kommunistische Vorstellungen ernst nimmt und sie verwirklichen will, muß – da er die natürliche Ungleichheit und die unterschiedliche Denkkraft der Menschen nicht aus der Welt schaffen kann – zu Methoden der Unfreiheit und der Unterdrückung greifen. Einheitsschule, Abschaffung der Zensuren, einheitliches Kindergeld, übermäßige Besteuerung und Reglementierung, Beschränkung der Freizügigkeit (sie wurde in allen kommunistischen Staaten beschränkt), Abschaffung der Gewerbefreiheit, Zwangsbewirtschaftung des Wohnraums, praktische Einschränkung der Religionsfreiheit, Enteignung von Betrieben usw.

Die Kommunisten wollten den „Unterschied zwischen geistiger und körperlicher Arbeit" aufheben und damit die Arbeitsteilung durch Berufe und den „Unterschied zwischen Stadt und Land". Da

---

92 Zitiert nach Noelle-Neumann 1998 in Weiss 2012, 363

das mit einer modernen Wirtschaftsweise, die auf immer größere Differenzierung der Berufe und der Siedlungsstruktur hinausläuft, unvereinbar war, gab es die unterschiedlichsten Arten von geistiger Verrenkung, um Theorie und Praxis irgendwie aufeinander zu beziehen.

Für den altbundesrepublikanischen Teil Deutschlands ließ sich bereits um 2000 eine dramatische Verschiebung im Ringen um die Werte Freiheit und Gleichheit feststellen. Die Politik reagierte darauf mit einer fortschreitenden Sozialdemokratisierung der bürgerlichen Parteien. *„Auch Zielsetzungen, die die Struktur und den Grad bestehender Ungleichheit erhalten oder gar vergrößern wollen, müssen in die Rhetorik von Gleichheitsforderungen verkleidet sein."*[93] Volksparteien ringen um eine Mitte, der es vor allem auf die Aussicht auf reformerische Tatkraft ankommt. Scheint die gegeben, so ist ein Teil der Wähler durchaus bereit, eine betont linke Politik erst einmal mitzutragen, in der Hoffnung, daß die Wirklichkeit dieser Politik Grenzen setzt. Da jede konsequente linke Politik die Leistungskraft eines Staates mindert, ist die notwendige Inkonsequenz und Doppelbödigkeit vieler linker Politiker – die links blinken und rechts fahren – geradezu ein Segen für die Gesellschaft, ohne den die bürgerliche Demokratie gar nicht lebensfähig wäre. Je weiter ein ursprünglich linksgrüner Radikaler in der sozialen Hierarchie aufsteigt, desto friedfertiger und vernünftiger wird er zumeist.

Da die Zahl der tatsächlichen Führungs- und Machtpositionen stets geringer ist als die Anzahl der dafür Geeigneten, kommt es zu einer Spaltung der Elite. Ein Teil bekennt sich verstärkt zu egalitären Losungen und Werten und versucht damit, die Macht der herrschenden Elite auszuhebeln. Ist das gelungen, kann diese Elite nur erfolgreich regieren, wenn sie ihren gleichmacherischen Versprechungen Schritt für Schritt zuwiderhandelt. Sie hat nur die Wahl zwischen dieser Möglichkeit oder dem Ruin der Wirtschaft. Wie auch immer sie handelt, sie gräbt ihr eigenes Grab und macht damit den Weg für einen erneuten Elitenwechsel frei, der früher oder später stattfinden wird.

Reagiert die jüngere Generation nicht völlig normal auf sich verengende Entwicklungsräume, wenn sie die Zahl der Kinder beschränkt und allen bevölkerungspolitischen Maßnahmen nur kurzzeitige Erfolge beschieden sind, langfristig sich aber immer wieder der gleiche Trend durchsetzt? In Deutschland ist, wie in fast allen europäischen Ländern, die Fruchtbarkeit weit unter das Selbstreproduktionsniveau gesunken. Das heißt, die Geburtenzahl pro Frau ist kleiner als 2,1. In

93 Zitiert nach Lötsch 1981, 58 in Weiss 2012, 371

Deutschland betrug sie 1996 nur noch 1,3, aber auch in Italien und Spanien nur 1,2, in Österreich 1,4, in der Schweiz und den Niederlanden 1,5, und ist in keinem dieser Staaten bis 2014 um mehr als 0,2 wieder angestiegen, wenn überhaupt.

Bis in die zweite Hälfte des 19. Jahrhunderts bestand ein Zusammenhang zwischen eigenen Kindern, materiellem Besitz und eigener Altersvorsorge. Wer nichts hatte, konnte auch nichts vererben und hatte in den meisten Fällen keine Alters- oder Krankenversorgung. Für die heute Lebenden ist der Zusammenhang zwischen Kapital und lebendiger Arbeit verlorengegangen. Man zahlt in eine anonyme große Kasse ein, aus der man bei Krankheit oder im Alter viel erwartet, unabhängig davon, ob man eigene lebende Nachkommen hat (die früher direkt zahlten) oder nicht. Das Renten- und Pflichtversicherungssystem hat sich zu einem zerstörerischen Mechanismus der Umverteilung der Leistungen der Familien zugunsten der Kinderlosen und Kinderarmen entwickelt.

Anfang der 1970er Jahre erlangte in der DDR ein Netzwerk von Personen, die sich über die Zusammenhänge des Bildungsniveaus aufeinanderfolgender Generationen ernsthafte Gedanken machten, Einfluß auf die Sozial- und Studentenpolitik. Das zuständige Ministerium hatte 1972 eine „Anordnung zur Förderung von Studentinnen mit Kind und werdenden Müttern, die sich im Studium befinden, an den Hoch- und Fachschulen" erlassen. 1986/87 hatten an Hochschulen der DDR 33 % der weiblichen und 43 % der männlichen Hochschulstudenten Kinder zu versorgen, 2 % bzw. 10 % sogar zwei. Die Studenteneltern hatten die Chance, selbst relativ jung Enkel zu haben. Nimmt man 50–55jährige Mütter, dann haben 95 % von ihnen meist zwei Kinder, während ihre studierten Altersgenossen in den alten Bundesländern zu einem großen Teil kinderlos geblieben sind. Die meisten Studentinnen hielten ein Lebensalter von 20–23 Jahren für das ideale Erstgebäralter. Es ist damit bewiesen worden, daß ein Studium mit Kind möglich ist – vorausgesetzt, es sind bestimmte Bedingungen gegeben. Die Bedenken, daß Mutterschaft (und Vaterschaft) zu einer Senkung des Leistungsniveaus im Studium führt, waren nicht gerechtfertigt. Studenten mit Kind studierten oft sogar besonders zielbewußt und erfolgreich.[94]

Die DDR war zwischen 1972 und 1990 damit der einzige Staat der Neuzeit, in dem es gelungen war, eine außerordentlich erfolgreiche qualitative Bevölkerungspolitik durchzusetzen. Von der Geburtskohorte 1950–1959 hatten 2005 Frauen mit Hochschulabschluß in den alten Bundesländern im Durchschnitt 1,38 Kinder, ohne beruflichen Abschluß 2,32 Kinder. Der mittlere IQ der von diesen Alterskohorten

---

94 Nach Starke 2007 in Weiss 2012, 380 ff.

geborenen Kinder lag in der alten Bundesrepublik bei einem genotypischen Wert um 95, in der DDR bei IQ 102.

So wie in der DDR der Umschlag vom Proletenkult auf eine qualitative Bevölkerungspolitik zugleich den inneren Zusammenbruch der kommunistischen Ideologie markiert, so markiert die zunehmende Leugnung, Mißachtung, ja Tabuisierung von erblichen Qualitäten die innere Zersetzung der bürgerlichen Leistungsgesellschaft.

1989/90 brachte auch für die Menschen in der DDR die ersehnte Demokratie und Freiheit (Weiss 2016). Das ging mit dem Fall der Geburtenrate 1991 auf 1990 (um 40 %) und 1992 auf 1991 (um 19 %) einher. Die Studentin mit Kind verschwand wieder von der akademischen Bildfläche. Der Anteil von Studentenkindern fiel sogar unter Westniveau. In der deutschsprachigen Wikipedia findet man zwar seitenlange Ausführungen über „Arbeiterkinder" und ihre tatsächlichen und angeblichen Benachteiligungen, nicht aber das Stichwort „Studentenkinder". Vereinzelt und vorsichtig wurde zwar wieder an einen Beitrag der Studentenschaft zur Geburtenzahl, an die Reproduktion der Intelligenz, an die Vereinbarkeit von Studium und Elternschaft gedacht, aber dann im Kanzleramt entschieden, es sei einfacher, das Land mit „Fachkräften" fremder Herkunft zu fluten (Fritze 2016). Wenn es zu Änderungen bei der Kinderzahlen der eingeborenen Deutschen kommen soll, dann kann das nur dadurch geschehen, daß sich die Wettbewerbssituation für die Mütter im Arbeitsleben grundlegend verbessert. In einer freien Wirtschaft, in der ein Arbeitgeber, der eine Mutter von kleinen Kindern beschäftigt, die Risiken, zum Beispiel durch erhöhte Ausfallzeiten bei Krankheit der Kinder und geringere Disponibilität der Frau, voll zu tragen hat, entsteht ein kinderfeindliches Klima. Würden die Risiken des Arbeitgebers bei der Beschäftigung von Müttern kompensiert, in Deutschland wäre das zum Beispiel durch eine starke Verringerung des Arbeitgeberanteils bei den Lohnnebenkosten möglich, sollte sich auch in einer freien Wirtschaft das kinderfeindliche Klima mildern lassen. Wenn man je in einer Demokratie etwas in dieser Richtung erreichen will, so kann man nur, ohne viel Aufhebens, einen parteipolitisch übergreifenden Konsens der Weitsichtigen anstreben.

Doch schon der bloße Begriff Bevölkerungsqualität läuft so sehr dem Zeitgeist zuwider, daß er eigentlich gar nicht mehr gedacht werden oder mit ihm argumentiert werden kann. Als Beispiel nehme man die Einführung des Elterngelds in Deutschland. Die statistischen Daten, daß hochqualifizierte Frauen nur sehr wenige Kinder haben, mögen für die ursprüngliche Idee bei einigen eine Rolle gespielt haben; auch die Überlegung, das könne für die Gesellschaft nicht gut sein. Man braucht das ja nicht genetisch zu begründen; auch das Fehlen qualifizierter Mütter als Erzieherinnen ihrer Kinder kann man bedauern und Abhilfe für wünschenswert halten. Also entschloß man sich, ein Elterngeld für bis zu einem Jahr nach der Geburt auszuloben, das bis zu einem Höchstbetrag proportional dem Arbeitseinkommen der Mutter entsprechen sollte. Rasch meldete sich dann aber das „soziale" Gewissen: Also zahlte man auch einen Sockelbetrag für alle die Mütter, die gar keine Arbeit haben. Für die wurde das eine lockende Einnahmequelle, mit der Folge, daß der Großteil der Zahlungsempfänger die Mütter mit mehreren Kindern waren, die sowieso von Sozialhilfe leben. Ende 2010 strich man deshalb die Zahlungen an die nichtberufstätige Mütter.

Da sich die Höhe des Elterngelds nach dem Einkommen der Frau richtet, lohnt es sich für die, erst einmal richtig Geld zu verdienen und erst dann ein Kind zu bekommen. Neben der Kinderzahl ist aber das Alter, in dem die Kinder geboren werden, ein wichtiger Faktor der menschlichen Evolution. Jetzt bekommen diejenigen, die sowieso nur wenig verdienen und auch keine großen Einkommenssteigerungen zu erwarten haben, ihre Kinder früher, qualifizierte Frauen möglichst spät. Wenn das Elterngeld überhaupt einen Sinn haben sollte, ist er damit als Masseneffekt wieder in sein Gegenteil verkehrt. Was man von Anfang an hätte beschließen sollen: Eltern, die ein Abitur haben oder eine gleichwertige Bildung, sollten ab 18 Jahre bis vielleicht 30 Jahre (in höherem Alter aber weniger) einen recht beträchtlichen Sockelbetrag ausgezahlt bekommen, unabhängig von jedem Einkommen, also auch als Studenten und für Hausfrauen; sowohl für Väter als auch Mütter. Das würde frühe Geburten bei jungen und intelligenten Müttern fördern. Aber es scheint in einer sozialen Gesellschaft undenkbar, eine so einfache Überlegung in Gesetze zu gießen. An einem bestimmten Punkt erreicht eine Demokratie einen Entwicklungsstand, an dem sich auch ursprünglich gute Ideen bei ihrer Anwendung ins Gegenteil verkehren. Vielleicht kann die Entdeckung des IQ-Gens und das Wissen darüber hintergründig und langfristig zu einem Umdenken beitragen, überparteilich und auf leisen Sohlen?

Es ist ein altmodischer Zopf, daß Studenten von ihren Eltern unterhalten werden oder Ausbildungsförderung nach dem Einkommen ihrer Eltern erhalten. Es wäre ein Zeichen der Modernität, endlich für begrenzte Zeiträume an alle Stipendien zu zahlen und Leistungszuschläge. Warum ist das keine Forderung der Studenten? Nicht mehr die Eltern sollten im Vordergrund stehen, sondern ab einem bestimmten Lebensalter sollte der junge Staatsbürger mit seinen Leistungen die Höhe der Zuzahlungen und Stipendien selbst beeinflussen können. Studenten anspruchsvollerer Studienrichtungen könnten höhere Stipendien und Leistungszulagen erhalten als solche in Fächern mit durchschnittlich geringeren Anforderungen.

Nicht wenige Politiker und Manager glauben, eine dynamische Be-völkerung ließe sich durch Einwanderung erreichen. Sie hoffen dabei, daß die Einwanderer sich gleichmäßig auf alle sozialen Schichten ver-teilen. Doch brauchen die Einwanderer anfangs billigen Wohnraum, und schon haben wir einen Grund zu ihrer Ballung in bestimmten Stadtteilen. Lebt in einer Siedlung nur eine Familie mit fremder Her-kunft und Sprache, so werden die Kinder dieser Familie in der Schule die Landessprache erlernen und die gesamte Familie früher oder spä-ter im Alltag oder am Arbeitsplatz (Beyer 1945). Die Regel ist aber, daß Bekannte und Verwandte derselben sprachlichen Herkunft dicht beieinanderwohnen. Subjektiv ist ihre Lage damit anfangs besser, ihre Assimilierung verzögert sich aber. Mit einer mathematischen Funkti-on läßt sich die Geschwindigkeit der Assimilierung in Abhängigkeit von der Dichte der Zuwanderer beschreiben. An einem bestimmten Punkt hat diese Kurve einen Umschlagpunkt, bei der nicht mehr die Zuwanderer assimiliert werden, sondern die ursprüngliche Wohnbe-völkerung. Nach den internationalen Erfahrungen kippen Gebiete bei einem Zuwandereranteil von ungefähr 15 %. Ab einem solchen Pro-zentsatz beginnt die einheimische Bevölkerung das Gebiet regelrecht zu räumen. Diesen Prozentsatz haben inzwischen zahlreiche deutsche Großstadtviertel erreicht oder überschritten. Hessen zum Beispiel hatte 2000 als Flächenland bereits 14 % Ausländer. 15 % Ausländer bedeuten, da deren Alterszusammensetzung ja jünger und die Kin-derzahl größer ist, schon 30 % oder 40 % Kinder von Ausländern in den Schulklassen, wenn nicht noch mehr. Bei derartigen Zahlen wird die Grenze der Integrationsfähigkeit überschritten. Zuerst zerfrem-den einzelne Wohngebiete, dann Stadtviertel oder ganze Regionen und schließlich ein Land. Diese letzten zwei Stufen sind aber noch nirgendwo widerstandslos abgelaufen (Camus 2016).

Fernwanderer sind häufig aktive Personen, die in ihren Fähigkei-ten eher etwas über dem Durchschnitt der Bevölkerungen liegen, aus denen sie kommen. Man sollte deshalb – theoretisch unabhängig von Sprache, Rasse oder Religion, aber keinesfalls im wirklichen Leben davon unabhängig – von zur Assimilation und Umvolkung bereiten Einwanderern eine Bereicherung erhoffen. Es ist diese Erfahrung, die Länder wie Kanada und Australien eine gezielte Einwanderungspo-litik betreiben läßt. Nur ausgewählte Personen dürfen in Australien einwandern.

Die DDR hatte Vietnamesen als Gastarbeiter angeworben. 1990 blieben viele von ihnen für immer in Deutschland. Bei ihren Kindern schaffen in Berlin in der zweiten Generation 63 % das Abitur, bei den einheimischen Berlinern nur 38 %.

Zum Kreislauf der Bevölkerungsqualität

In den Industriestaaten steigt die Zahl der eingeborenen Bevölkerung nicht mehr, sondern fällt. Die Alterspyramide, die Burgdörfer 1932 bereits für Deutschland im Jahre 1975 prognostiziert hatte, entspricht etwa der um 2005. Jahrzehntelang begnügte man sich mit der Theorie des demographischen Übergangs, die behauptet, es käme irgendwann zu einem Gleichgewicht. Doch zum Erstaunen der Professoren, die nicht bemerkt haben wollen, daß es in Natur und Gesellschaft wenig Gleichgewichte, vielfach aber Zyklen gibt, stürzten die Geburtenziffern immer weiter ab. Eine Erklärung haben die Ökonomen darin gefunden, daß in der zweiten Hälfte des 19. Jahrhunderts, gleichlaufend mit dem Rückgang der Kindersterblichkeit, ein Umschlag eingesetzt haben muß, von dem ab die Armen mehr Kinder haben als die Reichen.

In fast allen untersuchten Gemeinden ist es vor allem der vollbäuerliche Bevölkerungsanteil, der bis weit ins 19. Jh. einen ständigen und oft sehr hohen Bevölkerungsüberschuß erzeugte. Die unterbäuerlichen Schichten verblieben hingegen oft so dicht am Existenzminimum, daß eine hohe Kindersterblichkeit die Folge war. Deshalb konnten sie nicht einmal ihre eigene Zahl reproduzieren, die in jeder Generation durch absteigende Bauernsöhne und -töchter ergänzt werden mußte. Auf diese Weise blieb bis etwa 1800 das Gesamtwachstum der Bevölkerung sehr gering. In einem vielbeachteten Buch hat Gregory Clark (Weiss 2014b) Statistiken aus England zusammengestellt, die belegen, daß in der Zeit von 1500 bis 1800, die wirtschaftlich Erfolgreicheren auch die höheren Kinderzahlen hatten. Wenn Persönlichkeitsmerkmale auch durch erbliche Eigenschaften mit bedingt sind, dann bedeutet das aber, daß sich seit 1500 in England auch die Genfrequenzen verändert haben müssen. Da wirtschaftlicher Erfolg überall in der Welt mit einem höheren IQ korreliert ist, müssen sich folglich seit 1500 die Gene, die einen höheren IQ mit bedingen, angereichert haben. Diese Veränderung der Genfrequenzen war eine entscheidende und notwendige Voraussetzung dafür, daß England im 19. Jahrhundert als Folge der Industriellen Revolution die Weltmacht Nummer eins werden konnte. Jedoch hatte in England die Geburtenbeschränkung in der Oberschicht ab 1870 voll eingesetzt; während andere Gesellschaftsschichten erst nach 1880 nachzogen. Die höchsten Kinderzahlen hatten oder haben in den Industrieländern noch lange Zeit Gruppen der Unterschicht (Bauerdick 2013), die keinen sozialen Abstieg zu fürchten haben, weil sie schon ganz unten sind.

Große und böse Tiere sind bekanntlich selten. Sie stehen in der Nahrungskette ganz oben. Im Deutschen sprechen wir von einem „hohen Tier", wenn jemand eine herausragende soziale Stellung einnimmt. Auch sein Status steht und fällt mit den vielen kleinen Schlukken, die Steuern zahlen oder direkt für ihn arbeiten. Die großen Tiere können sich nicht beliebig vermehren, sie spüren auch als erste, wenn der Nahrungsspielraum enger zu werden beginnt. Paare begrenzen dann ihre Kinderzahlen, wenn sie befürchten, daß ihre Nachkommen den sozialen Status der Eltern nicht mehr halten können, wenn sozialer Aufstieg unwahrscheinlich ist und Auswege durch Auswanderung oder Neulandbesiedlung ausfallen. Da Oberschichtplätze nun einmal seltener sind als die Plätze weiter unten, beginnt die Geburtenbeschränkung in der Oberschicht. Weniger die absolute Bevölkerungsdichte ist von Bedeutung, sondern die relative soziale Dichte. Karl Valentin Müller (1896–1963) hatte die Geburtenkontrolle auf die Furcht vor *„dem spezifischen sozialen Elend eines Unterliegens im verschärften Sozialwettbewerb"* zurückgeführt. *„Das trifft sowohl die wirtschaftliche Führungsschicht im letzten Drittel des 19. Jh., die mit dieser Übung begann, wie die bedrängten Mittelschichten – Angestellte und qualifizierte Arbeiter –, die nach der Jahrhundertwende kinderarme Klassen werden, um ihre spezifischen sozialen Ziele sichern zu können."*[95]

Nicht nur in allen Industriestaaten – also auch in Japan, Taiwan und Südkorea, auch bei der weißen Bevölkerung Nordamerikas, Australiens und Südafrikas – haben die Geburtenzahlen pro Frau die magische Zahl Zwei schon lange unterschritten; in den letzten Jahren folgten mit rasanter Beschleunigung (Demandt 1994) die industriellen Schwellenländer. Wenn alle Industriestaaten – und inzwischen auch die industriellen Schwellenländer – trotz aller Unterschiedlichkeit in ihrer Geschichte von einem Rückgang der Geburten weit unterhalb des Selbstreproduktionsniveaus betroffen sind, dann muß die Ursache viel tiefer liegen als in der jeweiligen Landespolitik, die sich – wie schon in Sparta und im Alten Rom – als fast völlig machtlos erweist.

Bei Nagetieren gibt es bei Überbevölkerung Regulationsmechanismen, die zu einem ständigen Auf und Ab führen, von einer Mäuseplage bis zum katastrophalen Zusammenbruch der Population. Bei Säugetieren, die eine soziale Hierarchie aufbauen, wird der Zusammenbruch der Population und der Neuanfang durch eine von der Natur vorgegebene Ereigniskette erzwungen: Das Gedränge der Überbevölkerung führt zu einem Streben nach Gleichheit und zur Zerstörung der sozialen Hierarchie. Dadurch wird die Population handlungsunfähig und die in Not geratenen Individuen fallen übereinander her. In einem überfüllten Rhesusaffenkäfig kommt es zu Mord und Totschlag, bei Nagetieren schließlich zu Apathie, Sterilität und Kannibalismus. Solche Erscheinungen werden beim Menschen

---

95 Zitiert nach Müller 1957, 1225 in Weiss 2012, 427

aus überfüllten und schlecht versorgten Gefangenenlagern berichtet. Nicht nur auf der Osterinsel hat sich dieser Zyklus in allen seinen Phasen und schrecklichen Ausprägungen vollzogen, sondern auch wiederholt und mehrfach in komplexen menschlichen Gesellschaften. Entscheidend ist, daß durch diese Regulation Bevölkerungsdichte und Verhaltensänderungen ständig rückgekoppelt sind und der Ablauf des Zyklus die Zerstörung der sozialen Hierarchie und die totale Desorientierung der weiblichen Individuen voraussetzt. Desorientierung meint hier ihre Ablenkung von einer erfolgreichen Fortpflanzung und Jungenaufzucht, die Menschen nennen es Emanzipation und Feminismus. Je höher eine Frau qualifiziert ist, desto größer ist ihr Bestreben, ihr Wissen und Können auch im Berufsleben anzuwenden. Je mehr eine Frau auf völlige Gleichstellung pocht, desto geringer sind ihre Chancen, Kinder und Beruf in Einklang zu bringen und eine glückliche Ehe zu führen. Fast stets kinderlos sind deshalb linksorientierte Journalistinnen, um so größer aber ihr Anteil an der Bildung der öffentlichen Meinung. Nichtsdestoweniger könnte die Natürliche Selektion bewirken, daß ihre Generation durch die Nachkommen der unterwürfigen kopftuchtragenden Frauen ersetzt wird.

Wenn eine biologische Art den ihr zustehenden Raum übernutzt, dann richtet sich die Natürliche Selektion gegen die Art als Ganzes und reguliert sie durch eine Katastrophe auf eine Größe herunter, die einen Neuanfang möglich macht. Während in der Aufstiegsphase die Individualselektion eine große Rolle spielt und die Genfrequenzen für Gene, die mit Leistungsparametern positiv korreliert sind – also insbesondere mit dem IQ – steigen, so überwiegt in der Abstiegsphase die negative Selektion und die Gruppenselektion. Dieses Umschalten von Individualselektion auf Gruppenselektion ist der entscheidende Punkt, der über Darwin und Marx hinausführe.

Es ist wie bei einem Heer nach verlorener Schlacht. Die Besiegten werden als Gruppe vertrieben, umgebracht oder versklavt; die Gruppe, der Stamm, das Volk dezimiert oder ausgelöscht. Das hat sich in der Geschichte tausendfach abgespielt. So als sei die Erde einer Population, die sie übernutzt, überdrüssig, so versucht die Evolution die im Überlebenskampf unterlegene Population in die Schranken zu weisen und programmiert sie von einem bestimmten Umschlagpunkt an in Richtung Katastrophe. Bisher waren alle derartigen Katastrophen, wenn sie menschliche Populationen betrafen, regionaler Natur. Zum ersten Mal könnte die Menschheit jetzt im Zeitalter der fossilen Brennstoffe die Weichen für eine globale Katastrophe gestellt haben, wobei sich die verschiedenen Weltregionen in konvergierenden Phasen des Zyklus befinden.

Ob die Welt im 21. Jahrhundert in einem Großen Chaos versunken war oder nicht, wird man erst danach sagen können, etwa im

Rückblick vom Jahre 2100 aus. Man darf es sich auch nicht so vorstellen, daß alle Regionen gleichzeitig im größten Chaos versinken. Es wird eher ein Mosaik sein von Wirtschaftskrisen, Bürgerkriegen, regionalen Kriegen, Zusammenbrüchen staatlicher Ordnung und Massenfluchten, während andere Regionen sich zeitweise mit Erfolg abschotten oder schon wieder nach einem Tiefpunkt im Aufbau befinden. Wenn wir im Jahre 2017 nach Haiti, Somalia oder Simbabwe blicken, dann bekommen wir eine Vorstellung, wie Chaos aussehen kann.

Beim Menschen ist es nicht anders als bei den Tieren. Fördert man die Vermehrung von Ackergäulen, erhält man Ackergäule und keine Rennpferde. Die Leistungskraft eines Volkes steht aber in einem direkten Verhältnis zur Prozentzahl der vorhandenen Klugen und Tüchtigen. Die Klugen und Tüchtigen lassen sich nicht durch Schule und Ausbildung je nach Bedarf erzeugen, ihre Zahl ist vielmehr genetisch angelegt.

„Nur eine dichte Bevölkerung", so Friedrich von Hayek, *„kann jene Arbeitsteilung und Nutzung der Leistungen erreichen, von der wir heute abhängig sind. … Es war die Bevölkerungsvermehrung, die die Arbeitsteilung möglich machte. … Der Kapitalismus hat die Mittel geschaffen, durch die mehr Leute am Leben bleiben konnten."*[96]
Mangel an Nahrung wird sofort bemerkt. Der Mangel an genügendem Raum, der die Menschen hinderte, ihre Reichweite zu erproben, entwickelte sich hingegen langsam. Er wird von allen Angehörigen eines Volkes als unangenehm empfunden, und zwar proportional zur bestehenden Enge. Als sich um 1880 die Menschen vom Land und den Kleinstädten auf der Suche nach Arbeit und Brot in den gewerbefleißigen Dörfern rund um die großen Städte ballten, da war mit dieser Ballung der Menschen der Aufstieg der Sozialdemokratie verbunden, die Forderung nach Gleichheit und dem allgemeinen Stimmrecht. Die ersten sozialistischen Reichstagsabgeordneten wurden in Sachsen gewählt, in dem industriellen Ballungsgebiet zwischen Chemnitz und Zwickau mit der damals größten Bevölkerungsdichte weltweit.

Unter allen Städten behauptete Venedig über mehrere Jahrhunderte eine einzigartige Vormachtstellung. Nur kluge Männer konnten erfolgreiche Kaufleute werden. Neben Besitz und Vermögen gibt uns die Ausübung öffentlicher Ämter einen ernstzunehmenden Hinweis, es habe sich um Menschen mit überdurchschnittlicher Denkkraft gehandelt. Ihre Familien heirateten 500 Jahre lang nur untereinander. Sie bildeten einen Adel, der sich das Gesetz gab, daß keine Neulinge mehr aufgenommen werden sollten. In der Endphase des Staates waren die

---

96 Zitiert nach von Hayek 1983, 190 in Weiss 2012, 116

Reichen bestrebt, es so einzurichten, daß nur ein einziger Sohn in der Familie als Alleinerbe in Frage kam. Da bei diesem Vorsatz die Natur manchmal nicht mitspielte, führte das zum Aussterben nicht weniger Familien. Im Großen Rat saßen um 1600 2500 Adlige. 1775 stellten die ratsfähigen Familien nur noch 1300 Männer. Thema Nummer eins in den letzten Jahren der Republik war Bettelei und Armut. Die Adelsrepublik verabschiedete sich 1797, als die Truppen Napoleons die Stadt besetzt hatten, sang- und klanglos aus der Geschichte.

Die Verlagerung der Handelswege um 1500 hatte für Venedig den Aufwand seiner Handlungen erhöht und ihren Nutzen verringert. Die Geburtenbeschränkung der führenden Adelsklasse muß deshalb auch als eine Antwort auf ihre sich verringernden Erfolgschancen verstanden werden.

Zu der Zeit, in der man die soziale Hierarchie in Frage stellt, beginnt auch stets der Niedergang der bis dahin herrschenden Religion. Das Einsetzen von Kirchenaustritten ist – wie der Abfall der Römer von ihren alten Göttern – ein weiteres untrügliches Kennzeichen dafür, daß eine Gesellschaft den Scheitelpunkt überschritten und die gleichmacherische Abstiegsphase begonnen hat. Die europäische Nation, die als erste in dem irgendwann im 17. Jahrhundert einsetzenden Zyklus eine hohe Bevölkerungsdichte erreichte, war Frankreich. Unter der Losung „Freiheit, Gleichheit, Brüderlichkeit" dezimierte die Französische Revolution, die erste richtige Revolution in unserem gegenwärtigen globalen Zyklus, nicht nur die Aristokratie, sondern köpfte auch aus der Masse herausragende Geister. Danach sanken erstmals die Geburtenzahlen in dem vom unaufhaltsamen Fortschritt befallenen Land dramatisch.

Das Rad der Geschichte, das im Sinne Aristoteles den Kreislauf der Verfassungen treibt, äußert sich in einer gesetzmäßigen Sukzession des Zeitgeists, der sozialen Ordnungen, der politischen Verhältnisse und der Zahl der in den Sozialschichten geborenen Kinder. Die Judenpogrome in der Ukraine, die Hunderttausende Juden nach Mitteleuropa trieben, sind nichts anderes als eine weitere Erscheinungsform des Kampfes gegen das Ungleiche im enger werdenden Raum gewesen. Waren in der sozialen Oberschicht die Angehörigen einer anderen Rasse oder eines anderen Volkes besonders häufig, so wurden sie früher oder später zwangsläufig zur Zielscheibe, und zwar nicht nur die Juden. Regionale Wirtschaftseliten wie die Chinesen in Südostasien, die Libanesen in Westafrika, die Inder in Ostafrika, die vor 1941 zahlreichen Deutschen in Osteuropa, die Armenier in Kleinasien – sie alle wurden früher oder später zum Gegenstand von Terror und Vertreibung, ja Ausrottung. Wer bei demokratischen Wahlen die Masse gegen eine rassisch, ethnisch und sozial abgehobene Wirtschaftselite aufbringt, hat gute Chancen, die Wahlen und die Macht zu gewinnen. 1941 lebten in Indien 114.000 Parsen. Diese 0,03 % der Bevölkerung Indiens stellten vor 1940 7 % aller Ingenieure und 5 % der Ärzte des Riesenlandes. 98 % aller Parsen können lesen und schreiben, mehr als jeder andere Bevölkerungsteil Indiens. Seit Generationen schon sind auch ihre Frauen gebildet und ins geistige Leben einbezogen. Seit 1953 ist die Geburtenzahl bei den Frauen der Parsen unter die magische Zahl Zwei gesunken. Um 1980 wurde ein Stand erreicht, wie er für die europäische Bildungsschicht typisch ist. Ab 2000 sank bei den Parsen die Geburtenzahl pro Frau unter ein Kind. Demzufolge war die Gesamtzahl der Parsen auf 69.000 im Jahre 2001 geschrumpft. Ihr Altersaufbau ähnelt der eines alten Industrielandes und steht damit in krassem Gegensatz zu der Alterspyramide Gesamtindiens. Eine wachsende Zahl der Parsen bleibt unverheiratet oder heiratet spät. 2050 wird es deshalb voraussichtlich nur noch etwa 39.000 Parsen in Indien geben. Viele fähige Leute sind auch ausgewandert; unter dem ständig weiter schrumpfenden Rest häufen sich die Fälle für die Sozialhilfe. Die Parsen sind – noch ausgeprägter als die säkularisierten Juden – damit das Sinnbild für das Schicksal der Industriegesellschaft und der sie tragenden Eliten, die wie in einem Meer untergehen.

Das volle Durchlaufen eines Zyklus der Verfassungen setzt voraus, daß sich in einer langen Aufschwungphase der mittlere IQ der Bevölkerung deutlich erhöht und der Rechtsstaat entsteht, der eine Voraussetzung der Industriegesellschaft ist. Preußen, Sachsen, England und andere Staaten waren Rechtsstaaten, ehe sie Demokratien wurden. Den Scheitelpunkt ihres wirtschaftlichen Aufstiegs erreichten diese Staaten vor 1890 zu einer Zeit, in der sie nach heutigem Verständnis keine entwickelten Demokratien waren.

Staaten mit viel zu kurzen Aufschwungphasen und niedrigem mittlerem IQ haben keine Chance, das Stadium einer freiheitlich-demokratischen Grundordnung überhaupt zu erreichen, sondern oszillieren zwischen Oligarchie und Tyrannis, ehe sie in den Strudel gerissen werden. So simpel diese Einsicht ist, so versperrt ist sie den Politikern, die Milliarden Dollar an Militärausgaben sparen könnten, mit denen sie Menschen eine politische Ordnung aufzwingen möchten, in die diese aus sich selbst heraus nur in sehr langen Zeiträumen hineinwachsen könnten.

Während des Aufschwungs kommt es in allen Staaten zu einer Phase, in der eine sehr junge Bevölkerung lebt, mit zahlreichen jungen Männern – drittgeborene, viertgeborene, fünftgeborene Söhne –, die nach einem Lebensinhalt suchen. Wie zahlreiche Statistiken bestätigt haben, führt eine derartige Bevölkerungsstruktur fast zwangsläufig zu einer expansiven kriegerischen Politik der betreffenden Staaten. Wo diese scheiterte und mit dem Ventil der überseeischen Auswanderung nicht genügend Dampf abgelassen worden war, brach sich die Gleichheitsideologie Bahn und gipfelte in den Revolutionen in Rußland, Deutschland und China. Den Bevölkerungsaufbau und die Altersstruktur, die Frankreich um 1790 und das Deutsche Reich und Rußland um 1910 hatten, haben heute der Iran, der Sudan, Afghanistan, Nepal, der Kongo, der Jemen und andere Unruheherde.

In einer allgemeinen, sich anbahnenden und sich verschärfenden Krise, gewinnt ein Staat oder eine Region einen Vorteil, die noch nicht so stark von der Krise betroffen ist. In einen solchen Staat fliehen Menschen und Kapital. In einer belagerten Staat oder in einem von Feinden umringten Staat kann es, solange noch Energie und Nahrungsmittel innerhalb des Umfassungsringes ausreichen, sogar noch zu sehr starken Produktionssteigerungen kommen, so geschehen im Deutschen Reich im Jahre 1944, bis die Dämme brachen. Die günstige wirtschaftliche Situation Mitteleuropas im Jahre 2016 kann deshalb Vergangenheit werden, wenn Flüchtlinge und Schuldverpflichtungen in nicht mehr beherrschbarem Ausmaße überschwappen.

Mit dem allgemeinen Wahlrecht wird die Gesellschaft sozial

Die Forderung nach dem allgemeinen, freien und gleichen Wahlrecht zielt auf die Überwindung der ständischen und die Schaffung der modernen Massengesellschaft, ebenso die Forderung nach der Gleichberechtigung der Frauen und dem Frauenstimmrecht. Im Kreislauf der politischen Verfassungen kennzeichnet der geschichtliche Zeitraum, in dem diese Forderungen erfüllt wurden, den Wendepunkt in der Geschichte der Industriegesellschaft. Im Norddeutschen Bund wurde das allgemeine Wahlrecht für Männer 1867 eingeführt, für Frauen in Deutschland und Österreich 1919. Ob es in dem einen Industrieland ein paar Jahre früher oder später geschah, ist dabei nicht entscheidend, sondern der Umstand, daß es mit dem Umschlagspunkt der Bevölkerungsentwicklung von der stürmischen zur schwachen Phase und dem allgemeinen Machtzuwachs der Sozialisten in diesen Ländern zusammenfiel.

Das Wort „sozial", ohne dessen Verwendung heute kein politischer Redner mehr auskommen kann, war noch um 1800 in der deutschen Sprache völlig unbekannt. Das „Kommunistische Manifest" kennt 1848 dann schon mehrere Spielarten des Sozialismus. Seitdem ist die Berufung auf „soziale Gerechtigkeit" unzweifelhaft zu dem wirksamsten Argument in der politischen Diskussion geworden. Wenn man den Anschein erwecken kann, eine bestimmte Maßnahme werde von der sozialen Gerechtigkeit verlangt, dann läßt sie sich auf Dauer kaum noch vermeiden. Die Forderung nach sozialer Gerechtigkeit steht in einer engen Beziehung zur Forderung nach sozialer Gleichheit, ja, sie ist mit ihr identisch. Was dahintersteckt, ist leicht zu verstehen, wenn man, sobald man diese Worte hört, in Gedanken anstatt Gerechtigkeit Gleichheit setzt und „sozial" durch „umverteilen" oder „Umverteilung" ersetzt.

„Tatsächlich hat der Gesetzgeber vor allem in den letzten Jahrzehnten die Sozialpflichtigkeit der Stärkeren zunehmend ausgeweitet und den Bedürfnispegel der Schwächeren laufend angehoben. … Schritt für Schritt werden die sozialen Leistungen auf alle möglichen gesellschaftliche Gruppen und Berufe ausgeweitet. … Die Bedeutung der Leistung gerät in der Überschwänglichkeit des Sozialen immer mehr in den Hintergrund. … Einmal erfundene soziale Leistungen sind allenfalls (geringfügig) zu kürzen, aber kaum wieder zu streichen. Und ein Politiker, der etwas auf sich hält, erfindet immer wieder neue dazu. … Jede Art von Umverteilung bedeutet, dass demjenigen, der – häufig unter Einsatz all seiner Kräfte – Vermögen erworben hat, dieses Vermögen zu einem mehr oder minder großen Teil weggenommen und einem anderen gegeben wird, der nichts oder wenig besitzt oder auch nur als ‚Nichthabender' definiert wird." [97]

Der Kreislauf, den wir erleben und der etwa am Ende des 17. Jahrhunderts beginnt und bis in die Mitte des 21. Jahrhunderts dauern wird, besteht aus Auf- und Abstieg, manchmal beschleunigt, manchmal gebremst. Für das Deutsche Reich lag der Umkehrpunkt bereits zwischen den Jahren 1880 und 1890. Der Umschlagpunkt ist die Einführung des allgemeinen und gleichen Stimmrechts. Ohne daß den Massen die Folgen bewußt sind, bejubeln sie in einer Demokratie mit allgemeinem Stimmrecht, so als wären sie biologisch gesteuert, stets jene Maßnahmen, die ihre momentane Lage erleichtern. Diese jedoch führen mit Sicherheit mittel- und langfristig zu einer Zuspitzung der gesamtwirtschaftlichen Lage, bringen eine Verschlechterung der Lebensbedingungen mit sich und münden letztlich in eine Katastrophe. Der Politiker, der die Wahl und damit die Macht gewinnen will, muß in der Regel zur Heilung der Mißstände die verstärkte Gabe des Mittels anpreisen, das die Übel erst verursachte, nämlich die progressive soziale Umverteilung. Versucht eine Partei gegenzusteuern, scheitert sie spätestens bei der übernächsten Wahl. Nach der Einführung des allgemeinen Wahlrechts führt der politische Wettbewerb um Wählerstimmen unweigerlich zur Ausweitung der Staatsausgaben und vor allem ihres unmittelbar wählerwirksamen Teils, den Sozialausgaben.

---

97 Zitiert nach Schmitt Glaeser 2008 in Weiss 2012, 69

„Die persönliche Gleichheit als Grundprinzip der modernen Demokratie, etwa die Gleichheit aller im Wahlrecht oder aber die Gleichheit aller vor dem Gesetz … sind der sozialen Gleichheitsforderung vorangegangen", stellte der Sozialwissenschaftler und Volkswirtschaftler Hans Achinger fest. *„Der Glaube an die Gleichheit von Personen ungleicher sozialer Stellung führt notwendigerweise zu der Ansicht, daß die Mehrung sozialer Ungleichheit immer ein Übel, die Minderung sozialer Ungleichheit immer ein Fortschritt sei. … Ist also der Ausgleich sozialer Unterschiede ein ernsthaftes Ziel; …, so muß die Gleichheitspolitik sehr bald darauf gerichtet werden, daß das, was an der jetzigen Ordnung nicht mehr auszugleichen ist, wenigstens an den Kindern ausgeglichen werde. Die Gleichheitsforderung geht damit über in die Forderung nach gleichen Startchancen."*[98]

Da die Einheitsschule nicht die erwünschte Gleichheit gebracht hat, verlagern die Ideologen die Forderung nach gemeinschaftlicher Erziehung in immer frühere Altersstufen, vom Kindergarten in die Kinderkrippe. Was das Erlernen der deutschen Sprache anbetrifft, so hat das bei Kindern von Ausländern Sinn. Darüber hinaus weiß aber jede gute Erzieherin, daß hochintelligente Kinder oft bereits schon im Krippenalter durch frühen Sprachgebrauch und Mehrwortsätze auffallen. Daran würde sich auch nichts ändern, wenn man den Einfluß des Elternhauses vollständig ausschalten könnte.

Eine Erfindung der Demokratien mit allgemeinem Stimmrecht, die den Umschlagpunkt ebenfalls nachhaltig markiert, ist die Steuerprogression. Auf derselben Parlamentssitzung, auf der 1891 in Preußen die Steuerprogression verabschiedet wurde, lag auch ein allererstes Gesetz zur Abstimmung vor, durch das Geringverdiener mit Kindern von Steuern befreit wurden. Wir wissen heute: An diesem Tag begann die Züchtung der Dummheit. In der gesamten Menschheitsgeschichte war bis dahin die wirtschaftliche Tüchtigkeit der Eltern die Voraussetzung, daß ihre Kinder aufwachsen konnten. Waren die Eltern untüchtig, so sollten oder durften sie nicht heiraten; hatten sie dennoch Kinder, so war deren Schicksal meist beklagenswert und ihre Überlebenschance gering. Das änderte sich fortan.

Vor 1891 haben die sehr großen, durch keine Steuerprogression erfaßten Einkommen bei der Finanzierung des wirtschaftlichen Fortschritts eine große Rolle gespielt, insbesondere beim Erproben technischer Neuerungen. Die starke Steuerprogression verringert heute die mögliche Gewinnspanne und mindert damit die Risikobereitschaft der Unternehmer, aber auch die Anreize zum sozialen Aufstieg. Das Zusammenwirken von Steuerprogression einerseits und Steuerer-

---

98 Zitiert nach Achinger 1958, 55 f. in Weiss 2012, 439

leichterungen oder direkten Zuzahlungen andererseits führt im Sozialstaat dazu, daß die ursprünglichen Einkommensunterschiede bei kinderreichen Familien nicht nur stark ausgeglichen, sondern sogar ins Gegenteil verkehrt werden.

„Das Streben nach Stimmenmaximierung treibt die Regierung dazu, die zahlenmäßig stärksten Gruppen von Einkommensempfängern – die Empfänger niedriger Einkommen – zu begünstigen. Daher zeigt sie die Tendenz … das Einkommen umzuverteilen, indem es der Gruppe mit höherem Einkommen entzogen wird. … Je wirksamer die Demokratie praktisch wird, desto größer ist das Ausmaß der Regierungseingriffe in den normalen Ablauf der Wirtschaftsvorgänge", hatte Downs 1957 in seiner klassischen Arbeit über „Die Ökonomische Theorie der Demokratie" erkannt. Der wachsende Bedarf an Umverteilung ist somit ein gesetzmäßiger Prozeß, dem sich auf die Dauer kein Staat und keine Demokratie entziehen kann. Die Schweiz hatte 1913 eine Staatsquote von nur 2,7 %, die USA lagen damals sogar nur bei 1,8 %. Nach 1995 erreichte auch die Schweiz über 30 %, während Deutschland schon bei über 50 % lag.

Man kann davon ausgehen, dass rund 30 bis 50 Prozent der Wählerschaft in den westlichen Industrieländern mittlerweile den größten Teil ihres Einkommens aus Sozialleistungen oder aus der Beschäftigung im Wohlfahrtsstaat bestreiten und deshalb an der Beibehaltung oder dem Ausbau der Sozialpolitik interessiert sind.

Auch in Deutschland stieg, wie in anderen europäischen Staaten, die Zahl der Empfänger „von laufender Hilfe zum Lebensunterhalt" jahrzehntelang stetig an. Nach dem Tiefststand von 510.000 im Jahre 1969 wurde 1992 die Zweimillionengrenze überschritten und 1997 mit 2,5 Millionen allein in den alten Bundesländern ein bisheriger Höchststand erreicht. Rechnet man die Dunkelziffer zur Zahl der Sozialhilfeempfänger hinzu, dann lebten 2003 in Deutschland rund 6 % der Bevölkerung unter der offiziellen Armutsgrenze. Früher hatte man allerdings schon viel höhere Zahlen genannt. Warum werden Sozialstatistiken – man lese „Sozial-" hier als „Umverteilung", also: Umverteilungsstatistiken – rückwirkend geschönt, frisiert oder gar gefälscht? Ganz einfach: Regierungen in demokratischen Sozialstaaten werden vom Wähler daran gemessen, wie erfolgreich sie im Umverteilen sind. Wie hoch dadurch die Verschuldung der Gemeinden getrieben wird, wie stark die Investitionsquote gesenkt wird, das interessiert den Wähler nur dann, wenn die Auswirkungen ihn selbst schwer treffen, also Brücken verfallen, Bäder, Theater und Museen wegen Nichtfinanzierbarkeit geschlossen werden müssen. Die Regierenden stecken deswegen in einer Zwickmühle: Da es langfristig nur bergab geht, man aber wiedergewählt werden möchte und dafür Erfolge vorweisen muß, bietet sich als ein Ausweg das Frisieren der Sozialstatistiken an. Zwar ahnt auch der Politiker, daß er durch das Frisieren der Statistiken den Maßstab für langfristige objektive Bewertungen verliert, aber was kümmert ihn die übernächste Legislaturperiode, wenn es gilt, die nächste Wahl zu gewinnen? Auch der Beamte will letztlich Karriere machen und läßt sich etwas einfallen, wie man eine bestimmte Kategorie aus der Arbeitslosenstatistik herausfallen lassen kann, wie man Sozialhilfe neu definieren und so die Zahl der Umverteilungsempfänger verringern kann

Von 2000 bis 2005 stieg laut jährlichem Gemeindefinanzbericht des Deutschen Städtetages der Anteil der Sozialleistungen an den Ausgaben der Gemeinden von 17,9 % auf 22,9 %, blieb bis 2009 auf diesem Niveau und erreichte 2015 25,0 %. Nicht zuletzt wegen der Flüchtlinge und Eindringlinge rechnet man im Gemeindefinanzbericht 2016 bis 2019 mit einem weiteren Anstieg auf durchschnittlich 30 %. Der für Sachinvestitionen verfügbare Teil sank von 18,8 % 1995 auf 12,2 % 2005, verharrte bis 2009 auf diesem Stand und betrug 2015 für Baumaßnahmen[99] nur noch 7,5 %. Wie man sieht, addieren sich Sozialleistungen und Baumaßnahmen ziemlich konstant zu etwa einem Drittel der Gesamtausgaben der Gemeinden, das heißt, von Jahr zu Jahr werden relativ immer weniger Gebäude, Brücken und Sportanlagen gebaut oder repariert. Die Gemeinden sprechen 2016 bereits von einem Investitionsstau von mehr als 100 Milliarden Euro.

Es gab bereits vor der Einführung des Euro Stimmen, die warnten, die Gemeinschaftswährung müsse mittelfristig wegen der unterschiedlichen Sozial- und Steuerpolitik der Mitgliedsstaaten scheitern. Denn ein Mitgliedsland profitiert vom Umverteilungsprozeß, wenn es schneller inflationiert, d. h., wenn es höhere Defizite hat als andere. Auf diese Weise tendiert das System zur Selbstsprengung, denn der Sozialstaat ist bisher nur als Nationalstaat möglich. Die Ideologie, mit der die Umverteilung im Sozialstaat begründet wird, aus Motiven der Gleichheit und Gerechtigkeit, beansprucht aber Weltgeltung, weshalb die Grenzen für die Zuwanderung in die Sozialsysteme geöffnet werden und so der Sozialstaat unterlaufen und ausgehöhlt wird. Bei weit geöffneten Grenzen ist kein weiterer Ausbau des Sozialstaat mehr möglich. *„Es wäre so, als drehte man die Heizung auf und öffnete gleichzeitig die Fenster"* (Sieferle 2015, 27). Eine Gesellschaft jedoch, die nicht mehr zur Unterscheidung zwischen sich selbst und sie auflösenden Kräften fähig ist, hat ihre Zukunft verspielt.

---

99 Seit Herbst 2015 gehören dazu in großem Umfange Bauten und Umbauten für Asylbewerberheime.

Versuchen Sie bitte einmal in der deutschsprachigen Wikipedia für ein politisch heißes Thema wie das eben genannte eine ausgewogene Darstellung zu schreiben! Nach kurzer Zeit werden Sie feststellen müssen, daß Sie nie die Zeit aufbringen können, um gegen die Mehrheit recht dummer Beiträge und Beiträger, gegen den „digitalen Maoismus", einen in der Sache zutreffenden Text durchzusetzen. Man wird Ihren Beitrag todsicher löschen, Sie wegen „Vandalismus" verteufeln und sperren. Der gleiche Mechanismus beherrscht aber auch die Medienlandschaft insgesamt. „*Wir haben seit den späten 60er Jahren immer eine deutliche linke Mehrheit unter den Journalisten*", bestätigt der Kommunikationsforscher Kepplinger.[100]

Unter den heute formal Gebildeten, den „Akademikern", stellen die Hochintelligenten in allen hochentwickelten Industrieländern nur noch eine Minderheit. Die Mehrheit stellen die Mittelmäßigen, formal jedoch Hochgebildeten, die zum Teil schlecht bezahlt und unterbeschäftigt sind, am Tropf der Förderprogramme hängen oder völlig arbeitslos sind und das Intelligenzproletariat bilden, das die Umverteilung und die Zerstörung des kapitalistischen Systems auf seine Fahnen geschrieben hat. Ein Drittel bricht irgendwann sein Studium ab (Schmidt 2014). An den geisteswissenschaftlichen Fakultäten der Universitäten werden Zehntausende Soziologen, Psychologen, Historiker usw. zu „Intellektuellen" ausgebildet, während in den naturwissenschaftlichen, technischen und ingenieurwissenschaftlichen Fächern die Zahl der Studenten sinkt. Während in diesen volkswirtschaftlich wichtigen Fächern der prozentuale Anteil derjenigen, die in der Lage sind, ein derart anspruchsvolles Studium erfolgreich abzuschließen, geringer wird, erhöhen die geisteswissenschaftlichen Disziplinen ihre Studentenzahlen Jahr für Jahr. Und sogar der Notendurchschnitt der Studenten (wie zuvor schon der der Abiturienten) wird ständig besser, da die geistigen Anforderungen für eine sehr gute Note ständig heruntergeschraubt werden, ihre Professoren sich aber dadurch einbilden können, auch jedes Jahr besser zu werden. Was sie aber in Wirklichkeit lehren und ihre Studenten studieren, ist ihre Massenarbeitslosigkeit. Dafür hassen die Intellektuellen die kapitalistische Gesellschaft, die Unternehmer, die Ingenieure und Erfinder und mißtrauen ihnen, und erdenken sich ihrerseits immer neue Visionen einer idealen Gesellschaft, in der alle Menschen zwar gleich sind, diejenigen, die selbst nicht produzieren und erfinden, jedoch die Macht haben. Daß diese Gesellschaften bisher immer totalitäre waren, stört die Intellektuellen dabei nicht. Um der aktuellen Arbeitslosigkeit zu entgehen, müssen die Intellektuellen – gemeinsam mit der ebenfalls wachsenden Zahl von Juristen – sich immer neue gesellschaftliche Aufgaben

---

100 Zitiert nach Kepplinger 2011 in Weiss 2012. 452

ausdenken, mit der sie dem produktiven Sektor knebeln und Mittel entziehen. Neben der Bewältigung der Vergangenheit, der Kontrolle der politischen Korrektheit oder der Erforschung des Friedens und aller psychischen Probleme sind es nicht nur die Gefahren der Gentechnik, sondern die Gefahren jedweder Technik und Veränderung, die nach der Gründung von Vereinen, Stiftungen, Kommissionen und Lehrstühlen rufen, die sich gegenseitig in ihrer Wichtigkeit als Bedenkenträger bestätigen. Besonders begehrt sind Dauerarbeitsplätze im öffentlichen Dienst und Abgeordnetenmandate. Von dort aus läßt sich die bürokratische Hemmung des unternehmerischen und wissenschaftlichen Fortschritts am besten betreiben. Diese Intellektuellen und die von ihnen beherrschten Medien treiben die Parteien und mit ihnen die Mehrheit des Volkes vor sich her. Sie sind fester Bestandteil des Regulationskreislaufs, des Umschaltens der Evolution auf negative Selektion, der die demokratischen Systeme der Industriestaaten in den Niedergang treibt.

1879 hatte sich Heinrich von Treitschke mit Gesellschaftsprognose versucht: *„Die Zahl der Juden in Westeuropa ist so gering, daß sie einen fühlbaren Einfluß auf die nationale Gesittung nicht ausüben können; über unsere Ostgrenze dringt aber Jahr für Jahr aus der unerschöpflichen polnischen Wiege eine Schar strebsamer hosenverkaufender Jünglinge herein, deren Kinder und Kindeskinder dereinst Deutschlands Börsen und Zeitungen beherrschen sollen; die Einwanderung wächst zusehends, und immer ernster wird die Frage, wie wir dieses fremde Volkstum mit dem unseren verschmelzen können.*" Daß er damit als Historiker früh auf ein mögliches Konfliktpotential aufmerksam gemacht hat, das in den folgenden Jahrzehnten tatsächlich große Bedeutung erlangen sollte, dafür hat er die Kritik von allen Seiten erfahren, die auf jeden einbricht, der den Mut hat, sich zu grundlegenden Problemen in vorausschauender Weise zu äußern. An dieser Stelle kam es nur darauf an zu belegen, wie Treitschke eine sich anbahnende Überschichtung erfaßt und nicht nur die künftige Machtstellung der jüdischen Minderheit erahnt hat, sondern auch den Konflikt mit ihr.

Die entscheidende Phase im Existenzkampf der Völker ist stets der Kampf um die Sprache, die in der Schule gelehrt und gesprochen wird. Ob es nun Tschechisch in Böhmen, Spanisch in Kalifornien oder die Sprache der indischen Einwanderer auf den Fidschi-Inseln ist: auf die Anerkennung als Schulsprache und als gleichberechtigte Landessprache folgt die Forderung nach Quoten bei den Anstellungen in öffentlichen Beschäftigungen, bei der Zulassung zum Studium und schließlich sogar in der Privatwirtschaft. Begründet werden diese Forderungen stets mit dem Ruf nach ausgleichender Gerechtigkeit, dem sich auf die Dauer, wenn die Zahl der Rufer von Jahr zu Jahr größer wird, keine demokratische Regierung verschließen kann.

Es gibt schon seit Jahren einen mehr oder weniger umfangreichen Teilunterricht in Türkisch an den Schulen deutscher Großstädte. An den höheren Bildungseinrichtungen sind die Einwanderer, insbesondere die aus der Türkei, nur halb so stark vertreten, wie es ihrem Bevölkerungsanteil entspricht. Aber sie sind vertreten! Und nun rechnen Sie bitte: Seit dem Jahre 2010 stellen die Einwanderer in den westdeutschen Großstädten die Bevölkerungsmehrheit in der aktiven Bevölkerungsgruppe. Ein Deutscher in Frankfurt am Main und in Düsseldorf wird bald Angehöriger einer nationalen Minderheit sein, nicht nur in bestimmten Stadtteilen, sondern in der Stadt insgesamt. Gegenwärtig stellen die Einwanderer in diesen Städten ein Viertel der Abiturienten. Angesichts der höheren Kinderzahlen der Einwanderer und weiterer Masseneinwanderung sind spätestens 2035 die von den Deutschen und den Einwanderern gestellten Anteile an den Abiturienten zahlenmäßig gleich, d. h. aus den Mittelschichten der Einwanderer erwächst deren eigene Elite. Spätestens dann wird die demographische Krise der europäischen Völker in einen Kampf um ihre nationale Existenz übergehen. Der entscheidende Wendepunkt dabei ist dann erreicht, wenn die Elite der Einwanderer es nicht mehr als gewinnbringend ansieht, sich den Eingeborenen anzupassen und ihre Sprache zu sprechen, sondern mit eigenen politischen Organisationen den Kampf um die Macht aufnimmt.

Im geschichtlichen Rückblick ist das Tempo eindrucksvoll, in dem ein vollständiger Bevölkerungswandel in an und für sich vollbesiedelten Räumen vor sich gehen kann. Ein Wandel, der in den ersten Jahrzehnten zumeist völlig friedlich verläuft. Der Wechsel von der Dominanz des einen Volkes bis zu seiner Vertreibung oder Ausgrenzung braucht oft weniger als ein Jahrhundert. In Palästina bzw. Israel brauchte es, beschleunigt durch die Folgen des Antisemitismus in zahlreichen Ländern, von 1890 bis 1948 keine 60 Jahre, um die Araber zu Flüchtlingen zu machen. Auch die Geschwindigkeit des Elitenwechsels hat man oft unterschätzt. Man kann sich aber schwer vorstellen, wie sich Niederländer, Dänen, Tschechen und Schweizer durch außereuropäische Einwanderer allmählich aus ihrer Heimat verdrängen lassen, ohne von einem bestimmten Punkte an energischen Widerstand zu leisten (Camus 2016). Seit 1850 dürfte der Raum, in dem Deutsch Verwaltungs- und Verkehrssprache gewesen ist, bis heute auf ungefähr die Hälfte geschrumpft sein (Beyer 1945). Die Existenzkrise droht in den nächsten Jahrzehnten auch dem Kerngebiet.

Die Völker Europas, die für das Entstehen ihrer Nationalstaaten einen hohen Preis gezahlt haben, stehen jetzt vor der Entscheidung, ob sie ihre relativ geschlossenen und christlich geprägten National-staaten aufs Spiel setzen. Schrumpfende Bevölkerungen, und das sind inzwischen alle europäischen Völker, besiedeln „Unterdruckgebiete", auf die ein Einwanderungsdruck mit ständig wachsenden Kosten (für Grenzschutz, Asylbewerber usw.) ausgeübt wird. 1995 hatten die Eu-ropäische Union 375 Millionen Einwohner und der islamisch gepräg-te Nahe Osten und Nordafrika zusammen 313 Millionen. Nach der UN-Prognose (von 1996) soll bis 2050 die Zahl der EU-Einwohner auf 338 Millionen sinken, die im Nahen Osten und Nordafrika hin-gegen auf 661 Millionen steigen. Diese Prognose war von Anfang an naiv und übersah, daß spätestens dann, wenn sich übervölkerte Gebiete in Hexenkessel verwandeln, ausgleichende Wanderungsbe-wegungen in Gang gesetzt werden.

„Verantwortlich für die Fehlentwicklungen ist eine ungeheure Überbevölkerung in einer Region. Bagdad hatte 1935 etwa 300 000 Einwohner, jetzt sind es 8 Millionen. Diese Eckensteher, die ich in meinen Büchern beschreibe, junge Leute, die eigentlich gar keine Auf-gabe haben und sie sich auch nicht suchen können, die gibt es überall" (Fatah 2014, 40).

Der Zustand um 2010 in Mitteleuropa mit sinkenden Rüstungsla-sten und relativer politischer Ruhe und Stabilität war ein Zustand, der sich unter unseren Augen in einen Übergang mit inneren und äußeren Konflikten befindet. Nach 2020 wird die zahlenmäßige Schrumpfung des deutschen Volkes im besonderen und der europäischen Völker im allgemeinen ihre volle Eigendynamik entfalten. Im produzierenden Sektor verschieben sich die Anteile der Weltproduktion zuungunsten der europäischen Länder. In jedem Jahr wird Europa kleiner; nicht nur sein Anteil an der Weltbevölkerung, sondern auch sein Anteil an der Weltindustrieproduktion und am Welthandel wird geringer. Die Gewinner sind Völker und Staaten in Übersee, die sich in einem ähn-lichen Stadium der wirtschaftlichen und gesellschaftlichen Entwick-lung befinden, wie Deutschland vor 100 Jahren, als es steil aufgestie-gen war und um dann eine Großmachtrolle kämpfte.

Die demographische Misere hat fast alle europäischen Staaten erfaßt, unabhängig von der Regierungsform, unter der sie viele Jahrzehnte standen. Und da auch die außereuropäischen Industrieländer betrof-fen sind, Japan und Korea, die weiße Bevölkerung Australiens, Süd-afrikas und der USA, müssen die Ursachen viel tiefer liegen als in der jeweiligen Regierungsform.

Ein Rückgang der Bevölkerungszahl, der findet in den ländlichen Regionen Europas schon seit 150 Jahren statt, verbunden mit einer

Ballung der Bevölkerung in den Wirtschaftszentren. Geert Mak beschreibt in seinem Buch „Wie Gott verschwand aus Jorwerd" den Untergang des Dorfes an einem Beispiel aus Friesland: *„Um die Jahrhundertwende wohnten ungefähr 650 Leute im Dorf. 1950 waren es noch 420. 1995 gab es etwa 330 Einwohner, aber die meisten von ihnen wohnten eigentlich mit einem Bein in der Stadt. Innerhalb von hundert Jahren war das Dorf fast auf die Hälfte geschrumpft. Die Leihbücherei verschwand 1953, das Postamt 1956. ... 1972 fusionierte der Kirchenvorstand mit zwei Nachbardörfern. ... 1979 verschwand die Freiwillige Feuerwehr ... und 1994 wurde die Kirche einer Stiftung für Denkmalschutz übergeben."* Derartige Vorgänge vollziehen sich derzeit überall in der Mitte Deutschlands. Die Häuser werden schneller leer, als sie verfallen können.

„Das kulturfähige Menschentum wird von der Spitze her abgebaut, zuerst die Weltstädte, dann die Provinzstädte, endlich das Land, das durch die über alles Maß anwachsende Landflucht seiner besten Bevölkerung eine Zeitlang das Leerwerden der Städte verzögert", schrieb Spengler 1923 in dem Buch „Der Untergang des Abendlandes". In der Phase, die wir jetzt erleben, stimmt das aber noch nicht: Die großen Städte werden nicht einfach leer, sondern füllen sich zuvor mit Eindringlingen und Flüchtlingen aus den Notstandsgebieten aller Weltteile und aller Hautfarben, die – wenn sie so unqualifiziert sind wie die Türken in Berlin – die Städte wirtschaftlich ruinieren, allein schon durch die notwendigen Ausgaben für Sozialhilfe. Der Verfasser der vierbändigen „Deutschen Gesellschaftsgeschichte", Hans-Ulrich Wehler, brachte es in einem Interview mit der „taz" am 10. September 2002 auf den Punkt: *„Diese muslimische Diaspora ist im Prinzip nicht integrierbar. Man soll sich nicht freiwillig Sprengstoff ins Land holen."*

Mittelfristig gäbe es nur eine gesunde Möglichkeit: Ein Wiederanstieg der deutschen Geburtenzahlen um mindestens 15 %. Etwa 10 % Einwanderer pro Generation kann eine wirtschaftlich intakte Gesellschaft integrieren. Ein Viertel zu niedrige deutsche Geburtenzahlen, wie das seit 40 Jahren der Fall ist, und ihre zahlenmäßige Ergänzung durch Einwanderer – für dieses Szenario gibt es noch kein Beispiel, wie das ohne tiefgreifende Existenzkrise abgehen kann.

Wenn Familienpolitik erfolgreich sein sollte, dann müßte sie
1. die Belastungen von den Familien mit Kindern auf die Kinderlosen umverteilen;
2. die Arbeitgeber, die Frauen mit Kindern beschäftigen, vom Arbeitgeberanteil der Lohnnebenkosten befreien;
3. die Familienbildung bei jungen Frauen mit Abitur fördern und das auch schon während eines Studiums oder ohne; und

4. für junge Frauen mit akademischen Abschlüssen Arbeitsstellen mit einer Laufzeit von sieben bis zehn Jahren schaffen und fördern – mit entsprechender Verlängerung, wenn in dieser Zeit Kinder geboren werden.

Die Beschleunigung des Wandels

Bereits 1848 hatte Karl Marx begriffen: *„Die fortwährende Umwälzung der Produktion, die ununterbrochene Erschütterung aller gesellschaftlichen Zustände zeichnet die bürgerliche Leistungsepoche vor allen anderen aus. Alle festen, eingerosteten Verhältnisse mit ihrem Gefolge von altehrwürdigen Vorstellungen und Anschauungen werden aufgelöst, alle neugebildeten veralten, ehe sie verknöchern können. ... Die bürgerliche Leistungsgesellschaft hat die Produktion und Konsumtion aller Länder global gestaltet. ... Das Bürgertum mit seiner ihm verfügbaren Energie reißt durch die rasche Verbesserung aller Produktionsinstrumente, durch die unendlich erleichterte Kommunikation alle, auch die barbarischsten Nationen in die Zivilisation. Die wohlfeilen Preise ihrer Waren sind die schwere Artillerie, mit der es alle chinesischen Mauern in den Grund schießt. ... Es hat die Bevölkerung agglomeriert, die Produktionsmittel zentralisiert und das Eigentum in wenigen Händen konzentriert. Die notwendige Folge hiervon war die politische Zentralisation."* [101]

Der Begriff „Beschleunigung" selbst entstammt der Naturwissenschaft und Technik. In Übertragung auf soziale Sachverhalte bedeutet „Beschleunigung", daß immer mehr Ereignisse, mehr Veränderungen und häufigerer sozialer Wandel pro Zeiteinheit stattfinden. Das Tempo des technischen und sozialen Wandels hängt von dem Durchfluß an Energie ab, der in den letzten 150 Jahren unzweifelhaft sehr starke Zuwachsraten aufzuweisen hat. Die Evolution führt zur Maximierung des schnellsten Zugewinns an Informationsentropie bei möglichst geringen Energiekosten auf allen Ebenen. Noch nie war die Zukunft so wenig vorhersagbar wie in dieser Gegenwart. Schon was in zehn oder zwanzig Jahren eintreten wird, ist mit großer Unsicherheit der Vorhersage behaftet. Ein Prognosehorizont von einhundert Jahren gehört ins Reich der reinen Utopie. Auch unser Versuch, in diesem Buch die Grenzen der Ereignisse innerhalb der nächsten fünfzig Jahre auszuloten, ist voller Unwägbarkeiten.

Nicht alles hat sich geändert oder ändert sich. Für eine erfolgreiche Familiengründung steht den jungen Frauen nur ein begrenztes Zeitfenster zur Verfügung. Je höher die Qualifikation ist, desto länger ist die Ausbildungszeit und desto kleiner scheint das Zeitfenster für eige-

---

101 Zitiert nach Marx 1848 in Weiss 2012, 140

ne Kinder zu sein. Getrieben von der Angst, den beruflichen Anschluß zu verlieren, bleiben sehr viele hochgebildete Frauen kinderlos oder bekommen nur ein Kind. Die kleinen Kinder müssen Kindergärten besuchen, wo sie zu Versuchspersonen im Wettlauf zwischen der Evolution der Krankheitserreger und der Entwicklung neuer Antibiotika werden. Im Getriebe der beruflichen Anforderungen leiden Partnerschaft und Familie, für die der erzwungene Wechsel von Arbeitsstelle und Arbeitsort, die vielgerühmte Flexibilität der Arbeitnehmer, Gift sind. Das spielt sich in allen Industrieländern ab, und ist einer der wesentlichen Gründe, daß immer weniger Kinder geboren werden, je höher die Frauen qualifiziert sind. Auch auf diese Weise sägt sich die Industriegesellschaft den Ast ab, auf dem sie sitzt.

Auf der Jahrestagung der Deutschen Gesellschaft für Demographie 2004 waren sich alle Experten einig: Bis 2030 verschlechtern sich die demographischen Rahmenbedingungen ständig, weswegen, um den Beitragssatz zu halten, schließlich die damalige Rentenhöhe halbiert oder der Beitragssatz erhöht werden muß, wenn die Rentenhöhe gehalten werden soll. Der Arbeitnehmer stirbt ja nicht bereits bei Arbeitsunfähigkeit oder Eintritt ins Rentenalter, sondern die moderne Medizin läßt ihn ständig ältere Jahrgänge erreichen, die eine immer bessere Betreuung verlangen. Das und die ständige Weiterentwicklung und damit Verteuerung der Medizin und nicht zuletzt der Wettbewerb der Arzneihersteller untereinander treiben die Kosten der Altersversorgung in immer neue Höhen. Auch dieses Wachstum wird an seine Grenzen stoßen. Danach wird sich die Lebenserwartung verringern und die Kindersterblichkeit wieder erhöhen, wie das inzwischen schon in den zuerst und am stärksten von Krise und Chaos erfaßten Ländern der Fall ist.

Vorteile in der Entwicklung neuer Produkte hat derjenige, der ein neues Produkt rascher auf den Markt bringt oder ein ähnliches Produkt zu niedrigerem Preis. Wirtschaftsunternehmen müssen Gewinne erwirtschaften, um die Investitionen vornehmen zu können, von denen die Kapitalausstattung der zukünftigen Arbeitsplätze abhängt. Es kommt dadurch zu einem Verdrängungswettbewerb, der mit einer Beschleunigung der wirtschaftlichen Gesamtentwicklung einhergeht. Ebenso wie der Energieverbrauch exponentiell angestiegen ist, so auch die Innovationsrate der technischen Evolution. Die Zyklen, in denen alte Produkte durch neue Produkte verdrängt werden, sind seit Jahrzehnten immer kürzer geworden. Diese Verkürzung der Produktlebenszyklen betrifft nicht nur die Hochtechnologiebereiche, sondern hat alle Industriezweige erfaßt. Das Verhältnis für den Aufwand von Forschung und Entwicklung verschiebt sich dabei zuungunsten des Gewinns. Die Mitarbeiter in der Forschung und Entwicklung der Hochtechnologiefirmen sind einem gewaltigen Leistungsdruck ausgesetzt und haben den Eindruck, daß sich dieser Druck von Jahr zu Jahr verstärkt. Ein Ausscheren aus diesem Wettbewerb würde jedoch für das betreffende Unternehmen den Konkurs bedeuten. Diese Beschleunigung wird sich so lange fortsetzen, wie für diese Entwicklung sowohl die energetischen Grundlagen gegeben sind als auch eine ausreichende Zahl schöpferischer Menschen. Schwinden diese Grundlagen, dann geht dieser Wandel in einen Überlebenskampf der Firmen über, der sich auch wieder krisenhaft beschleunigt.

Bei hochkomplexen technischen Innovationen, wie sie in der Elektronik, in der Pharmaindustrie, im Fahrzeugbau und in der Luftfahrt erforderlich sind, ist die Zahl der Mitarbeiter klein, die noch die Komplexität wirklich überschaut und eine große Anzahl von Mitarbeitern zielgerichtet einsetzen und leiten kann. In den Finanzgeschäften der Gegenwart hat man gar den Eindruck, die Komplexität sei schon zu groß, um noch von irgend jemandem in ihren Auswirkungen voll begriffen zu werden. Als Experte gilt derjenige, der hinterher genau sagen kann, warum sein Vorschlag schiefgegangen ist. In der Industrie steht und fällt der Erfolg des Unternehmens mit dem Vorhandensein einer kooperativen Führungsgruppe, bei der von jedem einzelnen ein sehr hoher IQ und geeignete Persönlichkeitseigenschaften unverzichtbare Voraussetzungen sind. Oft hängt der Erfolg von einer einzigen überragenden Persönlichkeit ab, die derartige Eigenschaften in anderen erkennen und entsprechend einsetzen kann. Persönlichkeiten, die erfolgreich erfinden und führen können und zur schöpferischen Zerstörung des Bestehenden fähig sind, sind das Kostbarste, was eine menschliche Gemeinschaft hervorbringen kann. Aus Nationen mit einem mittleren IQ um 100 gehen derartige fähige und schöpferische Persönlichkeiten in jener notwendigen Zahl hervor, mit der sich auch schwere Krisen meistern lassen.

Die Beschleunigung der Produktlebenszyklen, der sich verringernde Grenznutzen der Aufwendungen für Forschung und Entwicklung und die wachsende Komplexität der Aufgabenstellungen bringen es mit sich, daß der Stellenwert der außerordentlichen kreativen Persönlichkeit ständig steigt. Der Ausfall eines einzigen erfahrenen Mitarbeiters kann Entwicklungsprozesse um Monate verzögern. Eine einzige Fehlentscheidung des Managements kann das Aus für ein kostspieliges Projekt bedeuten, vollständig oder zugunsten des Wettbewerbers. Die Innovationsbeschleunigung bewirkt, daß schwerwiegende Entscheidungen in immer kürzeren Zeiträumen getroffen werden müssen, sich die Risiken und die Wahrscheinlichkeit von Fehlentscheidungen erhöhen. Die subjektive Meinung, der Wettbewerber erhöhe seinen Aufwand für Forschung und Entwicklung, genügt, um den eigenen Aufwand zu erhöhen. Es kommt zu einer stufenweisen Steigerung der Forschungs- und Bildungsausgaben – ähnlich wie bei der Rüstungseskalation.

Es wachsen die Bürokratie und die produzierten Aktenberge. Man braucht nur einmal in ein Archiv zu gehen und sich in einem Schaubild zeigen lassen, wie seit 1600 die Menge der Archivalien gewachsen ist. Man erhält dann eine ähnliche Kurve wie für die Bevölkerungszunahme, das heißt, mit den absolut höchsten Zuwachsraten in den allerletzten Jahrzehnten. Jahrzehnt für Jahrzehnt ist auch die Anzahl der gedruckten Bücher gewachsen, von denen in den Nationalbibliotheken Belegexemplare aufbewahrt werden müssen. Noch dynamischer hat sich die Menge der elektronischen Information in den allerletzten Jahren entwickelt.

Das alles ließe sich als Fortschritt verstehen, wenn dabei nicht auch die Menge und Länge der Gesetzestexte und Vorschriften in vergleichbarem Umfange gewachsen wäre, folglich auch die Zahl und Dauer der juristischen Verfahren. Jede Regierung tritt mit dem erklärten Vorsatz an, die Bürokratie einzuschränken, und endet dann doch auf längere Sicht bei komplizierteren und längeren Texten.

Das Wachstum der Aktenberge, der Büchermenge und die Innovationsbeschleunigung, das alles kann sich nicht unbegrenzt fortsetzen. Es wird jedoch zu keiner Sättigung und nicht zum Stillstand kommen, sondern mit dem Wegbrechen der Grundlagen des Wachstums wird die Beschleunigung der Verfalls- und Untergangsvorgänge einsetzen. Doch werden selbst stürmisch ablaufende Verfallsprozesse von der öffentlichen Meinung der Zeitgenossen noch als Fortschritt gedeutet. Am Ende des Römischen Reiches war keine Rede von seinem Untergang, sondern von einem Übergang in eine bessere Zeit.

Jahrhundertelang blieb das politische Gefüge des Mittelalters in vielem unverändert, bis in die Neuzeit hinein. Die 91 größeren Staaten, die bereits vor 1940 bestanden, erlebten jedoch zwischen 1800 und 1971 396 verschiedene Regierungsformen bzw. politische Verfassungen, worunter plötzliche und tiefgreifende Veränderungen zu verstehen sind. Die mittlere Lebensdauer der politischen Systeme betrug 32 Jahre, in Europa jedoch meist nur 15–20 Jahre. Von den Staaten, die es bereits 1914 gab, haben nur acht keine Revolution erlebt. Veränderungen des Wahlrechts und anderer politischer Rahmenbedingungen haben jedoch in allen Staaten stattgefunden.[102]

Dem Beschleunigungsdruck unterliegen auch die politischen Parteien und ihre Programme. Je mehr sie versprechen und je rascher sie sich selbst dem sich beschleunigenden Wandel anpassen, desto größer sind lange Zeit ihre Erfolgsaussichten. „Konservativ" zu sein,

---

102 Daten nach Cook 2000, 173 in Weiss 2012, 142

gilt in einer sich rasch wandelnden Welt als keine gute Empfehlung. Um die Arbeitsfähigkeit des Kapital- und Aktienmarktes zu erhalten, muß das Vertrauen in die Wirtschaftskraft erhalten bleiben, das auf der Fähigkeit zu weiterem Wachstum beruht. Wenn dieses Vertrauen schwindet, dann fallen die Aktienkurse, das für Neuinvestitionen zur Verfügung stehende Kapital verringert sich sehr stark und stoppt das Wirtschaftswachstum. Die Arbeitslosenzahlen steigen, und es kommt eine rückgekoppelte Kettenreaktion in Gang, die in der Regel den Sturz der Regierung nach sich zieht. Deshalb streben alle Regierungen und alle Parteien stets ein Wachstum des Bruttosozialprodukts an, ohne Rücksicht auf die möglichen langfristigen Folgen. Für einen Ausstieg aus diesen Zwängen scheint es keinen durchsetzbaren Entwurf zu geben.

Der Umschwung kommt erst dann, wenn die Verschuldung des Staates und der öffentlichen Kassen alle Maße übersteigt und keine auch nur halbwegs glaubwürdigen Wahlversprechungen mehr gemacht werden können. In einer solchen Krise wird es zwangsläufig nicht nur zur Gefährdung jeder demokratischen, sondern zur Infragestellung jeder staatlichen Ordnung kommen.

Viele der Denker, die Ursache und Wesen unserer globalen Beschleunigungskrise durchschaut haben und ihren Ausgang ahnen, sind der Überzeugung, diese Krise führe zu einer sozialistischen Gesellschaft. Dahinter steht in der Regel eine lineare Geschichtsauffassung, nach der auf den Kapitalismus die Erlösung durch den Sozialismus und dann der Kommunismus als paradiesischer Endzustand folgen wird. Da schon Aristoteles zu der Einsicht gelangt war, am Ende der Demokratie stehe eine Herrschaftsform, bei der die Massen erfolgreich auf Umverteilung drängen und alle Anzeichen darauf hindeuten, daß wir uns tatsächlich auf einen derartigen Gesellschaftszustand hinbewegen, können wir dem Schluß kaum ausweichen, daß der gegenwärtige geistige Linkstrend in allen Industriegesellschaften zu quasi-sozialistischen Gesellschaftsformen führen wird. Doch auch diese irgendwann notwendigerweise jakobinische Gesellschaftsform, wie sie vor dem absoluten Tiefpunkt der Produktion und Konsumtion eintreten wird, ist nur ein Übergangszustand zu neuen Gesellschaftsformen, die eher napoleonisch geartet sein werden. *„Die chaotischen Zustände* [im Endzustand der Demokratie] *dauern so lange an, bis die verrohte und vertierte Masse erneut einen starken Führer gefunden hat. ... Dies ist der Kreislauf der Verfassungen, der mit Naturnotwendigkeit sich vollzieht und durch den die Verfassungen sich wandeln und miteinander wechseln, bis der Kreis sich geschlossen hat und alles wieder am Ausgangspunkt angelangt ist. Wenn man das klar erfaßt hat, wird man sich mit einer Zukunftsvoraussage vielleicht in der Zeit irren, kaum* *aber über den Punkt in der Kurve des Wachstums, Niedergangs und des Wechsels, der gerade erreicht ist.*"[103]

Marx und Engels wollten eine Majoritätsrevolution, die als Weltrevolution in allen Industriestaaten heranreifen und stattfinden sollte. Die Oktoberrevolution 1917 in Rußland war stattdessen erneut eine typische Minoritätsrevolution. Lenin und Stalin hatten dann auch einige Mühe, die Existenz ihres politischen Systems in nur einem Land theoretisch zu begründen. Trotzki wies darauf hin, das könne nicht gutgehen und es bedürfe der weiteren permanenten Hinarbeit auf die Weltrevolution. Er sollte recht behalten. Das Sowjetsystem scheiterte im wirtschaftlichen Wettbewerb mit dem Kapitalismus. China hat zwar bis heute den ideologischen kommunistischen Überbau bewahrt, dürfte aber von der realen sozialen Gleichheit weiter entfernt sein als mancher kapitalistische Ausbeuterstaat. Wenn, dann vollzieht sich die Weltrevolution in unserer Gegenwart nicht als blutiger Umsturz, sondern als schleichende geistige Majoritätsrevolution, die alle Industriestaaten erfaßt.

Der Zusammenbruch einer jeden Zivilisation geht mit dem Schwinden ihrer energetischen Grundlagen einher. Der Evolutionsmechanismus, der den jeweils Schnelleren überleben läßt, überfordert die Energiequellen und führt dabei zum Umschalten von positiver auf negative Selektion. Damit erweist er sich letztlich als ein im Plan der Welt vorgesehener Regulations- und Selbstzerstörungsmechanismus, dem auch die Entwicklung der Menschheit ausgeliefert ist. Wer sich durch Erkenntnis oder Teilerkenntnis aus diesem Prozeß auszuklinken versucht, läuft Gefahr, gnadenlos auskonkurriert und in den Gesamtprozeß zurückgeworfen zu werden. Das alles hatte seine Grenzen, solange diese Zerstörung nur regional erfolgte.

Doch nach wie vor ist die Geschwindigkeit des Wandels ein Selektionsvorteil, selbst noch im Abschwung. Es wird keinen Stillstand geben, nicht einmal eine Atempause. Nur die Marschrichtung beginnt sich unter unseren sehenden Augen umzukehren. Hauptbeschleuniger des sozialen und politischen Wandels ist der Krieg. Und an seinem Ende rollen die Kronen über das Pflaster, wehen die roten Fahnen und zerbrechen die Reiche. Die apokalyptischen Reiter satteln schon längst wieder ihre Pferde.

„Auch bei der Ausbreitung der neuen Bevölkerungsweise in die Tiefe beobachten wir ganz die gleichen Gesetze wie bei der Ausbreitung im Raume, vor allem das Gesetz der fortschreitenden Akzeleration des Phasendurchlaufs: jede später hineingerissene [soziale] *Schicht* [und jedes später hineingerissene Entwicklungsland] *durchläuft die Pha-*

---

103 Zitiert nach Polybios 180 v. Chr. in Weiss 2012, 142

sen viel schneller und erreicht den Endzustand ... in einer kürzeren Zeit.[104]

Da die kapitalistische Produktionsweise heute schon Millionen Menschen dauerhaft aus dem Arbeitsprozeß ausgliedert, wird der Gedanke immer breiteren Widerhall finden, der Abstieg ließe sich in gemeinsamer Armut besser ertragen. Das haben manche schon lange erkannt, zum Beispiel Wolfgang Harich (1923–1995): *„Der Kommunismus ist möglich, er wird aber, wie sich unschwer beweisen läßt, nicht die Überflußgesellschaft sein, die man sich unter ihm ... immer vorgestellt hat. ... In dem endlichen System Biosphäre, in dem der Kommunismus sich wird einrichten müssen, kann er die menschliche Gesellschaft nur in einen homöostatischen Dauerzustand überführen, der auch keine schrankenlose Freiheit des Individuums zulassen wird. Die internationale Arbeiterbewegung wird genötigt sein, sich ... zu der kommunistischen Konzeption Gracchus Babeufs zurückzubewegen. ... Der Sinn der Weltgeschichte liegt in der fortschreitenden Verwirklichung des Prinzips der Gleichheit aller Menschen. ... Der Weltmarkt muß abgeschafft und durch ein globales System gerechter Verteilung ersetzt werden. ... Es gäbe kein Geld, keinen Zahlungsverkehr mehr. Es gäbe den vom Weltwirtschaftsrat ausgearbeiteten Weltwirtschaftsplan mit seinen Kontigentierungsauflagen ... und für den Einzelnen gäbe es Rationierungskarten, Bezugsscheine, damit basta. ... Der Kommunismus wird aus dem Sieg der Weltrevolution als ein globales System zentral gesteuerter gegenseitiger Hilfe und Bedarfsdeckung hervorgehen. ... Der Sozialismus bejaht noch Einkommensunterschiede und Privilegien als notwendiges Zubehör des Leistungsprinzips. Auf der angestrebten höheren Stufe dagegen, im Kommunismus, soll nicht mehr jedem nach seinen Leistungen, sondern jedem nach seinen Bedürfnissen gegeben werden. Unter sozialistischen Bedingungen ist es demnach völlig in Ordnung, daß ein Individuum, das besonders viel für die Gesellschaft leistet, über ein Wochenendhaus verfügt. ... Im Kommunismus hätte dieses Bedürfnis als antikommunistisch zu gelten. ... Für mich heißt Gerechtigkeit nichts anderes als Gleichheit im Sinne Babeufs, und die wäre in einem System rationierter Verteilung keine leere Phrase.“*[105]

Man stelle sich jenen Typus Politiker, Bürokrat oder Geheimpolizist eines ökodiktatorischen Weltstaats der Armen vor, der für die Verteilung der Bezugsscheine und die Überwachung der Verteilungsgerechtigkeit zuständig wäre und abweichende Bedürfnisse und Gedanken als antikommunistisch verfolgt. Auch alt zu werden, dürfte als ein unökologisches und damit antikommunistisches Bedürfnis definiert werden. Und die Aufbringung großer Mittel für die Heilung

---

104 Zitiert nach Mackenroth 1953, 338 in Weiss 2012, 168
105 Zitiert nach Harich 1975, 146 ff. in Weiss 2012, 168 ff.

einer seltenen Krankheit oder der Folgen eines schweren Unfalls, wäre das nicht ein schwerer Verstoß gegen das Gleichheitsprinzip, die rasche Entsorgung der Betroffenen ohne Sang und Klang nicht gerechter? Weder die Geschehnisse der „Großen Stalinschen Säuberung" in der Sowjetunion, der „Kulturrevolution" in China und der Alltag in Nordkorea reichen aus, um der Gedankenwelt eines so tief überzeugten linken Intellektuellen gerecht zu werden. Jedes literarische Schreckensgemälde würde von der Wirklichkeit noch weit übertroffen werden. Harich steht nicht allein. „*Der Zusammenbruch des Leistungsprinzips brächte die Rückkehr zu einem niedrigeren Lebensstandard*", meint ein von seinen Genossen hochgeschätzter Vordenker.[106]

Das Entstehen eines dauerhaften kommunistischen Weltstaats erscheint aber wenig wahrscheinlich. Die Verteuerung der Energie wird nämlich irgendwann jede Kommunikation, den Handel und jede Verwaltungstätigkeit über größere Entfernungen erschweren oder verhindern und damit auch einen ökokommunistischen „Weltwirtschaftsrat für Rationierung" verunmöglichen. Wahrscheinlich dürfte deshalb in weiten Teilen der Welt eher der Zerfall der größeren Machtbereiche in landschaftsgebundene Einheiten stattfinden, wo religiöse Fanatismen sich austoben und machtbewußte Banden um Einfluß kämpfen. Ob sich in begünstigten Gebieten noch freie Bürgergesellschaften entwickeln und halten können, wie sie die libertäre Utopie sich ausdenkt? Kleinere Gebilde, in denen staatliche Aufgaben nur noch durch private Gesellschaften wahrgenommen werden? Es ist zu vermuten, daß derart freie Gesellschaften, sofern sie tatsächlich entstünden, entweder in den Auseinandersetzungen mit machtbewußten Nachbarn wieder untergehen oder den Gewaltinteressen von Einzelpersonen oder Gruppen unterworfen werden. Für die Fortdauer einer ökokommunistischen Weltdiktatur nach dem Großen Chaos spricht sehr wenig, für eine große Zahl sich gegenseitig bekämpfender Neuanfänge auf schmaler energetischer Basis weit mehr. „Das Tausendjährige Reich Artam" (Übersetzung ins Englische: Weiss 2014a), so der Titel einer alternativen Geschichte über die Utopie eines Leistungszuchtstaates, scheint im Zeitrahmen 1941–2099 des Romans nirgendwo ein reales Thema zu werden. „*Und erst wenn ihr mich alle vergessen habt, werde ich euch einst wiederkehren*", meinte dazu Friedrich Nietzsche.

Wenn man zusammenfassend auf eine große Zahl von Vorhersagen zurückblickt, dann stellt man fest, daß bei einem gewünschten oder erhofften Ergebnis in der Regel der Zeitraum unterschätzt wird, in dem dieses Ergebnis schließlich erreicht wird. Die Zeiträume für das Eintreten von Wandlungen und Ergebnissen, die man befürchtet,

---

106 Zitiert nach Negt 2001, 437 in Weiss 2012, 171

werden hingegen unterschätzt. Optimismus gilt noch als angesagt, wenn der Umsturz unmittelbar bevorsteht.

Die langfristige Vorhersage gesellschaftlicher Umbrüche

„Ökonomen prognostizieren Wirtschaftsverläufe, beraten Regierungen oder lenken indirekt die Maßnahmen der Geldpolitik. Am Ende erweisen sich Prognosen nachweisbar als falsch. … Wie viele Menschen auch immer davon wissen mögen, die Veröffentlichung der Vorhersage hat keinen Einfluß auf das Wetter. Ganz anders bei den Sozialwissenschaften. … Deshalb gibt es bei [ihren] Prognosen nur zwei Möglichkeiten: Entweder sie sind nutzlos, weil sie unbekannt bleiben … oder aber sie werden beachtet, man spricht darüber. Dann beeinflußt die Prognose die Handlungen, die Entscheidungen. Und deshalb hebt die Veröffentlichung der Prognose ihre eigene Voraussetzung auf. … Und das ist sogar die Absicht der Prognostiker."[107]

Mittel- und langfristig haben die Demographen in den Staatsinstituten bisher nichts wesentlich Besseres als „Wirtschaftsweise" zustande gebracht, obwohl ihre Ausgangswerte – Zahl und Altersstruktur liegen ja langfristig fest – viel dauerhafter sind als die der Konjunkturforscher. Langfristiger Wandel, der zu Krieg, politischem Umbruch oder Chaos führen wird, entzieht sich dem Vorstellungsvermögen der Bevölkerungsexperten. Es würde sie ja für eine derartige Prognose nicht nur keiner bezahlen, sondern sie müßten bei der Veröffentlichung derartiger Gedankengänge, etwa bei Einbeziehung der Bevölkerungsqualität in ihre Modellrechnungen, auch Ächtung und Entlassung befürchten.

Der Geologieprofessor Kenneth Deffeyes hatte sich jahrzehntelang in Prognosen damit befaßt, wie umfangreich die Lager bestimmter Bodenschätze sind und wie lange ihre Ausbeutung wirtschaftlich sein wird. Er stellte dabei fest, daß, wenn man Regierungsbeamte mit einer derartigen Fragestellung beauftragt, sie unweigerlich die statistischen Methoden wählen, die zu den optimistischsten Prognosen führen – d. h. zu Vorhersagen, die sich mit sehr großer Wahrscheinlichkeit als falsch erweisen werden.[108]

Wir kennen bereits langfristige und zutreffende Prognosen großer gesellschaftlicher Entwicklungen und Umbrüche. Auch aus den falschen Vorhersagen und daraus, warum sie sich als falsch erwiesen, läßt sich lernen. Auf diese Weise verbessert man ja auch die Wetterprognose ständig. Wiederholt sich eine bestimmte Wetterlage nach Jahren, dann ist auch die Verteilung der Energie in der Lufthülle eine sehr ähnliche. Für geschichtliche Vorgänge gilt jedoch diese Überein-

---

107 Zitiert nach Brodbeck 2002 in Weiss 2012, 149
108 Nach Deffeyes 2001 in Weiss 2012, 150 f.

stimmung nicht, sondern bestenfalls eine Entsprechung der großen Strukturen, die sich in ihren Kennziffern ähneln.

1902 zitierte der australische Premierminister Edmund Barton in einer Rede vor dem Parlament aus einem Buch von Charles H. Pearson (1830–1894): *„Der Tag wird kommen und ist vielleicht nicht allzuweit entfernt, wenn der europäische Beobachter seinen Blick schweifen lassen und feststellen wird, daß der Erdball mit einer zusammenhängenden Zone der Schwarzen und Gelben Rassen umgürtet ist, die ... nicht mehr unter Vormundschaft stehen, sondern unabhängige Regierungen haben, die den Handel in ihren eigenen Regionen kontrollieren und die Industrien der Europäer zurückdrängen. ... Der einzige Trost wird sein, daß der Wandel unvermeidbar gewesen ist.“*[109]
„Man kann feststellen, daß die auffälligsten Beispiele von völlig falschen Prognosen Äußerungen von Staatsmännern von allerhöchstem Rang sind, während die Vorhersagen, die bestätigt worden sind, meist von Publizisten oder Staatsmännern wie Tocqueville, stammen. Der Grund dafür ist jedoch nicht in einer speziellen Eignung solcher theoretischer Politiker zu suchen, Vorhersagen zu machen, sondern in der Tatsache, daß Staatsmänner ständig der Versuchung unterliegen, Vorhersagen über naheliegende Dinge zu machen, wohingegen die seherische Kraft der Menschen die Beschäftigung mit allgemeingültigen Gesetzen voraussetzt. ... Das Mitglied eines modernen Parlaments arbeitet nicht für Ergebnisse fünfzig Jahre im voraus, sondern für die Tagespolitik.“[110]
Weitsicht zeichnete auch ein 1929 erschienenes Buch des US-Amerikaners Warren S. Thompson (1887–1973) aus: *„In einigen Teilen der Welt verringert sich das Bevölkerungswachstum und wird bald aufhören; in anderen Weltteilen verzeichnet man eine starke Zunahme, die sich wahrscheinlich noch einige Jahrzehnte fortsetzen wird; während andernorts gerade erst die Bedingungen entstehen, die eine Zunahme ankündigen. Es ist so, daß die Völker, die einen starken Drang nach neuem Land und neuen Energie- und Rohstoffquellen verspüren, auch diejenigen sind, die eine starke Bevölkerungszunahme in den nächsten Jahrzehnten aufweisen werden. ... Werden die Bestrebungen, die Spannungen auszugleichen, zum Krieg führen?“*[111]
Thompsons Buch enthält eine erste Beschreibung der Stufen dessen, was wir heute als „Demographischen Übergang“ (Demographische Transition) der Industriegesellschaft begreifen. Von Phase A mit hohen Geburten- und Sterbezahlen gehen die Länder in Phase B über,

---

109 Zitiert nach Pearson 1893, 90 in Weiss 2012, 156 f.
110 Zitiert nach Pearson 1893, 7 ff. in Weiss 2012, 157 f.
111 Zitiert nach Thompson 1929a, Preface in Weiss 2012, 160

mit weiterhin zahlreichen Geburten, aber geringerer Sterblichkeit, gefolgt von Phase C mit geringen Geburten- und Sterbezahlen.

In einer Phase außergewöhnlichen Wachstums ist es sehr schwer, Aussagen darüber zu machen, wie lange sich dieses Wachstum fortsetzt, solange noch keinerlei Anzeichen für eine Abschwächung des Trends zu erkennen sind. Bei Prognosen ist man in der Regel bestrebt, das Wachstum mit einer logistischen Kurve zu modellieren. Hat man aber keinerlei Kennziffern, die einem helfen, den oberen Wendepunkt der Kurve zu bestimmen, an dem die Abflachung beginnt, dann ist die Prognose meist falsch, da man die Zeitdauer des linearen Anteils verschätzt.

Der bedeutendste politische Wandel, der sich in den letzten Jahrzehnten vollzogen hat, war zweifellos der völlige Zusammenbruch des von der Sowjetunion geführten Ostblocks und die Auflösung der Sowjetunion selbst in 15 unabhängige Staaten. Der etablierten Politik und den in den Medien auftauchenden wissenschaftlichen „Meinungsführern" ist es gleichermaßen eine Peinlichkeit, vor 1989 keine richtige Prognose gewagt und die richtigen nicht zur Kenntnis genommen zu haben. Der Wirtschaftstheoretiker Ludwig von Mises hatte 1922 ein Buch mit dem Titel „Die Gemeinwirtschaft" veröffentlicht, in dem er zu dem Schluß gelangt war, das freie Unternehmertum würde sich gegenüber der Planwirtschaft in der Sowjetunion als überlegen erweisen, da im planwirtschaftlichen System keine Rechnungsführung und marktkonforme Preisbildung möglich sei. Am besten begründet war die Prognose von Werner Obst „Der rote Stern verglüht" (dritte Auflage 1987, die erste 1985), der, auf wirtschaftlichen Daten und Trends fußend, den Zusammenbruch des Sowjetsystems annähernd zeitlich zutreffend vorhergesagt hat.

Wiederum sind es demographische Trends, die untrügliche Anzeichen des inneren Niedergangs offenlegten. Todd veröffentlichte 1976 das Buch: „Vor dem Sturz: Das Ende der Sowjetherrschaft". Ihm war der Wiederanstieg der Kindersterblichkeit in der Sowjetunion aufgefallen. In anderen Industrieländern hingegen war die Kindersterblichkeit seit vielen Jahrzehnten rückläufig. Todd wertete den Wiederanstieg als ein Anzeichen einer sich entwickelnden inneren Krise. Wenn man sich aber die Daten für die Sowjetunion genauer ansieht, dann sank in Rußland und in den baltischen Republiken die Kindersterblichkeit ähnlich wie im Westen, und der Anstieg der Kindersterblichkeit für die Sowjetunion insgesamt kam dadurch zustande, daß der Anteil der Geburten aus den mittelasiatischen und kaukasischen Sowjetrepubliken mit ihrer noch weit höheren Kindersterblichkeit relativ angestiegen war. Daß es diese Verschiebung der Bevölkerungsanteile ist, die die Sowjetunion langfristig destabilisiert hat, darauf wies die Historikerin Hélène Carrère d'Encausse 1978 in ihrem Buch „Risse im roten Imperium: Das Nationalitätenproblem in der Sowjetunion" hin. Ab dem Jahre 1980 übertraf bei den Rekruten der Roten Armee der Anteil der Nicht-Russen den der Russen. 1991 zerfielen der Staat und die Weltmacht, die als Zarenreich in Jahrhunderten gewachsen war. Wenn wir auf die Geschichte Rußlands von einer höheren Warte aus schauen, dann wird der Niedergang des Russischen Reiches bereits mit dem verlorenen Russisch-Japanischen Krieg 1905 und der militärischen Niederlage 1917 im Krieg gegen die Mittelmächte greifbar; die Zeit des Kommunismus erscheint als eine Zeit fortschreitenden Verfalls, die 1991 in der Auflösung der Sowjetunion ihren vorläufigen Endpunkt gefunden hat.

1904 erkannte Bjerknes: *„Der Zustand der Atmosphäre zu einer beliebigen Zeit wird in meteorologischer Hinsicht bestimmt sein, wenn wir zu dieser Zeit in jedem Punkte die Geschwindigkeit, die Dichte, den Druck, die Temperatur und die Feuchtigkeit der Luft berechnen können."* Die Wettervorhersage beruht demnach auf nichts anderem als einer genauen Erfassung des energetischen Zustandes der Atmosphäre und der Kenntnis ihrer Bewegungsgesetze. Wenn man Gesellschaftswandel vorhersagen will, dann muß man demzufolge sowohl den energetischen Zustand eines Staatswesens erfassen können als auch die Gesetze begreifen, nach denen sich dieser Zustand verändert.

Der energetische Zustand eines von Menschen genutzten Raumes ist keine Konstante. Denkkraft und Kapital verändern ihn ständig, werten ihn auf oder verbrauchen Ressourcen. Expertenberichte über geschätzte Energiereserven unterliegen dem Einfluß politischer Wunschvorstellungen. Denn zwischen der belebten und unbelebten Natur gibt es einen schwerwiegenden Unterschied: Mit Meinungen und Wünschen können wir das Wetter nicht beeinflussen, wohl aber Wirtschaft und Politik. Eine Vorhersage künftiger Zustände führt zu Verhaltensänderungen in der Gegenwart, deren Auswirkungen dann wiederum Zeit brauchen. Der energetische Gesamtzustand des Systems oder Staates setzt aber auch dem Grenzen.

An der Möglichkeit, die Zahl der Verkehrstoten im kommenden Jahr für jede große Stadt mit ziemlicher Genauigkeit vorherzusagen, sollen unsere Überlegungen ansetzen. Hunderttausende Menschen bewegen sich Tag für Tag in der Stadt. Es kommt zu Unfällen, und in hunderten Gerichtsprozessen werden Schuldige gefunden und verurteilt. Für die Jahresstatistik jedoch spielt persönliche Schuld keinerlei Rolle. Wenn man für eine beliebige Nachbarstadt eine Prognose berechnen will, dann reichen schon die Einwohnerzahl, die Ausdehnung der Stadt, die Anzahl der Kraftfahrzeuge und der Kraftstoffverbrauch aller Fahrzeuge aus, um zu einer guten Schätzung der voraussichtlichen Unfallzahl und der Zahl der Verkehrstoten zu kommen, sofern man die Statistik eines vorangegangenen Jahres kennt, besser aber noch den Trend der letzten Jahre. Wenn man die für eine Risikoschätzung notwendigen Variablen genauer betrachtet, dann handelt es sich um Zahlen für Energieeinsatz und Dichte, also Kraftstoffverbrauch und Verkehrsdichte. Möchte man jedoch die Prognose für eine Stadt in irgendeinem fremden Land berechnen, dann muß man auch noch die Qualität der Fahrzeuge, den Straßenzustand, das Alter und die Intelligenz der Fahrer in die Rechnung einbeziehen. In Ländern mit vielfach höheren Unfallzahlen als in Deutschland tragen miserable Fahrzeuge, schlechte Straßen und niedrige Bildung das ihre dazu bei.

Welche Statistiken außer der Verkehrskriminalität lassen sich auf ähnliche Weise vorhersagen? Die Statistik der Wildunfälle; Geburten, Heiraten und Todesfälle der Gesamtbevölkerung; die Häufigkeiten alters- und erbbedingter Krankheiten; Selbstmorde; die Zahl der Personen, die durch Fahrprüfungen fallen oder als wehruntauglich gemustert werden. Politisch motivierte Straftaten, die Kriminalität insgesamt und damit auch die Ausländerkriminalität lassen sich vorhersagen, sofern man „Ausländer" statistisch nachvollziehbar in unveränderter Weise definieren und ihre Kriminalität in dem Land gesondert erfassen darf.

In den Nachrichten hören wir, daß es zu Zusammenstößen mit Asylbewerbern kommt oder unter Asylbewerbern, Heime brennen. Wenn man die Häufigkeiten solcher Ereignisse von 2014 zählt und die von 2015 sowie die Zahl der Asylbewerber von 2014 kennt, dann läßt sich aus der Regression die Zahl der Asylbewerber im Jahre 2015 schätzen, auch ohne Kenntnis einer amtlichen Statistik. PE-GIDA-Demonstrationen, Demonstrationen der Türkisch- oder Kurdischstämmigen in Köln usw. erzeugen also nicht die Zusammenstöße – wenn sie auch, einmal in Gang gekommen, als Verstärker wirken können –, sondern zeigen vorhandene Spannungen an.

Demzufolge verhalten sich die Menschen in einer Menge ähnlich wie die Gasteilchen der Atmosphäre. Die makroskopischen Abläufe der Geschichte ergeben sich aus dem Leben von Milliarden Einzelmenschen. Wenn wir unsere Zukunft berechnen wollen, müssen wir zu einer statistischen Beschreibung der Gesellschaft gelangen, die eine Analogie zu den Gasgesetzen aufweist (Zilsel 1941). Die Gasgesetze beschreiben den Zustand eines Gases durch die Zustandsgrößen Druck, Volumen, Temperatur und Teilchenzahl. Wenn wir das auf die Gesellschaft übertragen, dann lassen sich Teilchenzahl und Volumen leicht als Bevölkerungsdichte und soziale Dichte, also die Zahl der möglichen Bewerber auf eine Stelle, deuten. Doch wie erfassen und messen wir den Druck und die Temperatur einer Gesellschaft? Nachdem man die steuernde Bedeutung von Hoch- und Tiefdruckgebieten für das Wetter durchschaut hatte, konnte Bjerknes um 1920 die Polarfront als Kampflinie zwischen Polarluft und subtropischer Warmluft erkennen. Die Druckgebiete streben ständig nach Ausgleich; das erzeugt Wirbel, Stürme und eben das Wetter. Aus dem Weltgeschehen unserer Zeit kennen wir alle das politische Analogon der nördlichen Polarfront: das Mittelmeer, die Grenze zwischen Mexiko und den USA und den beiden Koreas. Eine solche Front bildete jahrzehntelang auch der Eiserne Vorhang, der Europa teilte. Zwischen Staaten und Wirtschaftsräumen, die sich im Bruttosozialprodukt pro Kopf, im verfügbaren Kapital, in der Investitionsrate, in der Arbeitsproduktivität, in den Lohnstückkosten, in der Jugendarbeitslosigkeit, im Außenhandelsvolumen und anderen Kennziffern stark unterscheiden, kommt es zu Spannungen und Ausgleichsbestrebungen, nicht zuletzt auch durch die legale und illegale Wanderung von Einzelpersonen. Ähnliches gilt auch für die Beziehungen zwischen Stadt und Land und zwischen Metropolen und nachgeordneten Städten. In einer Krisensituation strömen die Flüchtlinge aus Ländern und Regionen, die in Krieg und Chaos versinken, in andere Städte und Gebiete. Wenn bestimmte Schwellenwerte überschritten werden, pflanzt sich das Chaos als zerstörerische Welle fort.

Für die Modellierung derartiger Beziehungen sind die mathematischen Methoden im wesentlichen bekannt. Aber welche Variablen sind wichtig und entscheidend? Nehmen wir an, das Barometer (durch Torricelli 1643) und das Thermometer mit Skala (durch Fahrenheit 1724) wären noch nicht erfunden worden, und die Meteorologen müßten bis heute ohne Meßwerte solcher Geräte auskommen. Dann müßte man sich auf großräumige vergleichende optische Wetterbeobachtungen stützen und wäre vermutlich durch die für Hochdruckgebiete typischen Wettererscheinungen und durch die Wolkenformen der Warm- und Kaltfront auch zu einem Verständnis des Wettergeschehens und damit zu einer brauchbaren Wettervorhersage gelangt. Befinden sich vielleicht die Futurologen in einer Situation, Aussage über etwas treffen zu wollen, für das Barometer und Thermometer noch nicht erfunden sind?

Unter den Historikern und Soziologen gibt es nur wenige, die meinen, die Krönung ihrer Einsichten wäre eine daraus abgeleitete und zutreffende Vorausschau auf die absehbare Zukunft und ihre Bestätigung oder Falsifizierung (Barraclough 1957 und 1971) oder gar Willensbildung. Andere halten das für unmöglich (Popper 1980). Die Masse der Geschichtsschreiber und -forscher ähnelt den Juristen in den Verkehrsunfallprozessen, die ständig nach den Schuldigen suchen, ohne damit jemals die Frage beantwortet zu bekommen, warum es im statistischen Mittel überhaupt zu soundso vielen Unfällen kommt.

Als biologische Art Mensch unterliegen wir der biologischen Evolution, und damit besteht die Möglichkeit, daß sich die Art in mehrere Arten aufspalten kann. Eine ideologische Klammer, die unsere grundlegende geistige und körperliche Gleichheit als obersten Wert betont, widerstrebt einer solchen Aufspaltung. Je stärker aber eine biologische Art differenziert ist, je größer ihre innerartlichen biologischen Unterschiede sind, desto größer ist auch ihre Anpassungsbreite an die verschiedensten Umwelten. Analog dazu ist eine menschliche Gesellschaft um so leistungsfähiger, je größer ihre biologischen und sozialen Unterschiede sind, je arbeitsteiliger sie ist. Daraus folgt, daß ein Staat dann am leistungsfähigsten ist, wenn die sozialen Unterschiede so groß wie irgendwie möglich sind, die Ideologie des Staates seinen Einwohner aber glaubhaft die Überzeugung vermittelt, die Unterschiede seien so gering wie möglich und abweichende Meinungen oder Zweifel unterdrückt (die Variante Rotchina). Oder die großen Unterschiede seien bedeutungslos, da jeder mit seiner Stimme an der Macht teilhabe (die Variante westliche Demokratie). Solange sich die energetische Situation eines Staates verbessert, solange kann das in allen Varianten gutgehen.

Alle Teilchen der Atmosphäre sind gleich, die Menschen sind ungleich und leben in Hierarchien. Wie die Gegensätze zwischen Warm und Kalt, zwischen Hoch und Tief in der Atmosphäre die Fronten schaffen, an denen die Stürme toben, so gibt es in jeder Gesellschaft innere Fronten. Die Menschen sind ungleich in ihrem Besitz, ihrem Einkommen, ihrem Herkommen, ihrer Macht, ihrer Intelligenz, ihrer Bildung, ihren Berufen, ihren Arbeitsstellen, ihrem Familienstand, ihrem Aussehen, ihrem Glauben, ihrer Erfahrung, ihren Antrieben, ihrem Gesundheitszustand, in ihrem Alter und sind Mann oder Frau. Wo es Unterschiede gibt, gibt es Spannung und Reibung. Wo es soziale Unterschiede gibt, gibt es soziale Konflikte. Wenn man die innere Stabilität und künftige Leistungsfähigkeit einer Gesellschaft vorhersagen will, dann muß man ihre Ungleichheit messen und die Trends dieser Ungleichheitsmaße feststellen. Dafür müssen diese Maße rückschauend in verläßlicher Weise standardisiert werden und darüber hinaus in Zeit und Raum vergleichbar. Als besonders aussagekräftig haben sich in der Vergangenheit demographische Kennziffern erwiesen. Die zu starke Abschottung der Elite gegen Aufsteiger bei gleichzeitigem Verlust ihrer führenden wirtschaftlichen Stellung wurde von der Sozialgeschichte beim Untergang mancher Staaten und Gesellschaften als eine wesentliche Ursache erkannt. Also muß man den Grad dieser Abschließung und die soziale Mobilität überhaupt messen, ebenso wie das Ausmaß der Unterschiede in der Verteilung der Vermögen, der Einkommen und ebenso den Segregationsgrad der Siedlungen untereinander.

Staaten sind umso stabiler, je homogener ihre Bevölkerung ist, einheitlich in Sprache, Religion und Rasse. Diese Homogenität läßt sich skalieren. Spricht die eine Hälfte der Einwohner eines Landes eine andere Sprache, glaubt an einen anderen Gott und unterscheidet sich auch äußerlich klar von der anderen Hälfte, dann ist dieses Land ein Pulverfaß. Mit noch mehr Sprengkraft, wenn die Macht bei einer Minderheit liegt, deren prozentualer Anteil ständig zurückgeht. Man bestimme die absolute und relative Zahl der Klugen, also der Personen mit einem IQ über 105, ihre ethnische Zuordnung, ihre Rasse und Religion bei den sozialen Schichten, der Machtelite und der Wirtschaftselite. Man messe mit einem solchen Index zum Beispiel die Entwicklung, die Südafrika von 1900 bis zum ersten Umschlagpunkt 1994 genommen hat, dann bis 2015 und weiter nimmt. Man denke an Israel, den Kosovo, Belgien und andere Staaten und schaffe verläßliche und international vergleichbare Kennziffern, die innere Ungleichheiten und damit innere Spannungen abbilden. Auch geringe Prozentzahlen an Anderen, Fremden, Einwanderern oder Ausländern, können, in Abhängigkeit von der Prozentzahl der Anderen, ein hohes Konfliktpotential bergen, weil und wenn die Anderen in bestimmten Sozialschichten und Siedlungen konzentriert sind, bis hin zur völligen Apartheid. Auch die Sozialschichten eines ansonsten einheitlichen Volkes können mehr oder weniger getrennt leben, und das sollte in Maß und Zahl gefaßt werden.

Die Anhänger der Gleichheitsideologie glauben Konflikte dadurch vermeiden zu können, indem sie Feststellungen des Andersseins und seine Benennung unterbinden. Ausländerkriminalität darf dann nicht gesondert oder nicht in verläßlicher Weise ausgewiesen werden usw. Sie meinen und hoffen, schon mit einem solchen Verbot eine Ursache und Folgen der Ungleichheit zu beseitigen, aber vergeblich.

Solange der Wissenschaft bei der Messung wesentlicher Unterschiede und sozialer Spannungen durch politische Illusionen und Tabus für Denken und Formulieren Grenzen gesetzt sind, solange bleibt auch eine wissenschaftliche Vorausschau gesellschaftlicher Umbrüche, mit Modellrechnungen wie in der Meteorologie, eine Illusion, bestenfalls eine wenig erfolgversprechende Übung in geheimen Abteilungen der besten Geheimdienste.

Bevölkerungsdichte oder Bevölkerungsqualität bestimmen nicht allein den Gang der Geschichte. Sie sind jedoch Teil eines Kreislaufs von Wirtschaft und Verfassung, der bei jedem Schritt mit Dichte, Ausbildung und Qualität der Bevölkerung rückgekoppelt ist. Die Politik ist der Schaum, der dabei auf den Wellen geschlagen wird, mehr nicht. Die Politiker indes halten sich für die Treibenden der Geschichte, sind aber nur Getriebene. Mögen sie als Einzelne durchaus zu richtigen

Einsichten fähig sein, so ist ihnen in einer Massengesellschaft die Macht und die Fähigkeit versagt, den statistischen Gesetzen der Geschichte wirkungsvoll und dauerhaft entgegenzuwirken. Obwohl ein Teil der Gesellschaft die verhängnisvollen Zusammenhänge durchschaut und eine Gegensteuerung anstrebt, bleiben die Entscheidungen der gewählten Politiker in das ideologische Korsett des Zeitgeistes gepreßt.

Im Schoße unserer alten Welt ist die neue daran zu erkennen, daß durch die neue Technik Millionen Geringqualifizierte freigesetzt und dauerhaft arbeitslos werden. Weltweit werden Milliarden Menschen überflüssig und fallen, oft ohne persönliche Schuld, in die Sozialsysteme, sofern vorhanden. Ausgerechnet in dieser Entwicklungsphase – um 2035 – kulminieren nun auch die Altenanteile in den Industrieländern und das Wiederansteigen der Energie- und Rohstoffpreise, ehe sinkende Bevölkerungszahlen nach 2050 eine Entlastung verheißen. Die Geschichte muß sich durch einen Flaschenhals zwängen (Dvorak-Stocker 2016).

Mit dem allergrößten Fragezeichen für eine globale Entwicklung und Prognose ist die künftige Rolle Chinas verbunden. So wie sich die meisten Kremlkenner gründlich geirrt haben, so kann auch das Expertenwissen über China irreführend sein. Die energetischen Grundlagen, auf denen sich der Aufstieg Chinas zu einer Weltmacht vollzieht, sind kohlegetrieben und endlich. Auch China droht deshalb erneut der innere Verfall und Zerfall. Aber in welcher zeitlichen Relation wird dieser Verfallsprozeß zu dem stehen, der in den USA abläuft? Ob das eine Land zwanzig Jahre früher oder später im Chaos versinkt, wenn der weltpolitische Gegenspieler zu dem Zeitpunkt noch verhältnismäßig stabil ist, das kann der entscheidende Unterschied sein.

„Man hat die Demokratie eine ‚Vollendung‘ nennen wollen", stellte der Soziologe Robert Michels fest und setzte dem entgegen: *„Das aber ist pure Ideologie. Die Entwicklung hat keine erkennbaren Ziele; die Geschichte vollzieht sich nicht in einer geraden Linie. … Die Geschichte besteht aus in ewiger Aufeinanderfolge einander abwechselnden demokratischen und aristokratischen, sozialen und nationalen Perioden. Wohin führt uns letztlich die Geschichte? Wir wissen es nicht; aber das können wir schon sagen: genau wie die Aristokratie, so ist, historisch gesprochen, auch die Demokratie, als Staatsform wie als Massengesinnung, nicht eine Vollendung."*[112]

---

112 Zitiert nach Michels 1928, 290 in Weiss 2012, 483 f.

ERGÄNZENDE LITERATUR ZU WEISS (2012)

Abelshausen, W.: Der Traum von der umweltverträglichen Energie und seine schwierige Verwirklichung. Vierteljahresschrift für Sozial- und Wirtschaftsgeschichte 101 (2014) 40–61

Andreas, J.: Rise of the Red Engineers. The Cultural Revolution and the Origins of Chinas's New Class. Stanford: Stanford University Press 2009

Bardi, U.: Der geplünderte Planet. Die Zukunft des Menschen im Zeitalter schwindender Ressourcen. München: Oekom 2013

Barraclough, G.: Geschichte in einer sich wandelnden Welt. Göttingen: Vandenhoek und Ruprecht 1957

Barraclough, G.: Tendenzen der Geschichte im 20. Jahrhundert. München: Beck 1971

Bauerdick, R.: Zigeuner. Begegnungen mit einem ungeliebten Volk. München: Deutsche Verlags-Anstalt 2013

Beer, F., Kutalek, N. und H. Schnell: Der Einfluß von Intelligenz und Milieu auf die Schulleistung. Wien: Verlag für Jugend und Volk 1968 (= Pädagogik der Gegenwart 201)

Bernig, J.: „Habe Mut ..." Eine Einmischung. Kamenz: Arbeitsstelle für Lessing-Rezeption 2016 (= Kamenzer Reden in St. Annen 3)

Beyer, H. J.: Umvolkung. Studien zur Frage der Assimilation und Amalgamation in Ostmitteleuropa und Übersee. Brünn: Rohrer 1945 (= Prager Studien und Dokumente zur Geistes- und Gesinnungsgeschichte Ostmitteleuropas 2)

Bjerknes, V.: Das Problem der Wettervorhersage, betrachtet vom Standpunkte der Mechanik und der Physik. Meteorologische Zeitschrift 21 (1904) 1–7

Bowles, J. W. und N. H. Pronko: A new scheme for the inheritance of intelligence. The Psychological Record 10 (1960) 55–57

Camus, R.: Revolte gegen den großen Austausch. Schnellroda: Antaios 2016

Chaisson, M. J. P., Wilson, R. K. und E. E. Eichler: Genetic variation and the de novo assembly of human genome. Nature Reviews Genetics 16 (2015) 627–640

Chang, J.: Wilde Schwäne. Die Geschichte einer Familie. Drei Frauen in China von der Kaiserzeit bis heute. München: Knaur 1991

Chen, J.: Chinas Rote Garde. Jack Chen erlebt Maos Kulturrevolution. Stuttgart: Klett-Cotta 1977

Davis, J. M., Searles, V. B., Anderson, N., Keeney, J., Raznahan, A., Horwood, J., Fergusson, D. M., Kennedy, M. A., Gledd, J. und J. M. Sikela: DUF1220 is linearly associated with increased cognitive function as measured by total IQ and mathematical aptitude scores. Human Genetics 134 (2015a) 67–75

Davis, J. M., Searles Quick, V. B. und J. M. Sikela: Replicated linear association between cognitive DUF1220 copy number and severity of social impairment in autism. Human Genetics 134 (2015b) 569–575

Demandt, A.: Zur Trichterstruktur historischer Prozesse. In: Lübbe, W. (Hrsg.): Kausalität und Zurechnung. Über Verantwortung in komplexen kulturellen Prozessen. Berlin: de Gruyter 1994, 265–288

Dumas, L. und J. M. Sikela: DUF1220 domains, cognitive disease, and human brain evolution. Cold Spring Harbor Symposia on Quantitative Biology 74 (2009) 375–382

Dvorak-Stocker, W.: Europa 2030. Neue Ordnung (Graz) Nr. 4 (2016) 2–3

Fatah, S.: Einst war der Westen schick. Die Zeit Nr. 36 (28. August 2014) 39–40

Feilchenfeld, W., Michaelis, R. und L. Pinner: Haavara-Transfer nach Palästina und Einwanderung deutscher Juden 1933–1939. Tübingen: Mohr 1972

Fritze, L.: Der böse gute Wille. Weltrettung und Selbstaufgabe in der Migrationskrise. Waltrop: Manuscriptum Edition Sonderwege 2016

Fuchs-Kittowski, K. Rosenthal, H. und A. Rosenthal: Die Entschlüsselung des Humangenoms – ambivalente Auswirkungen auf Gesellschaft und Wissenschaft. Sitzungsberichte Leibniz-Sozietät der Wissenschaften zu Berlin 92 (2007) 5–22

Génin, E. und F. C. Clerget-Darpoux: The missing heritability paradigm: a dramatic resurgence of the GIGO syndrome in genetics. Human Heredity 29 (2015) 1–4

Hartnacke, W.: Naturgrenzen geistiger Bildung. Inflation der Bildung – Schwindendes Führrertum – Herrschaft der Urteilslosen. Leipzig: Quelle und Meyer 1930

Hinz, T.: Weltflucht und Massenwahn. Deutschland in Zeiten der Völkerwanderung. Berlin: JF-Edition 2016

Hoffmann, R.: Kampf zweier Linien. Zur politischen Geschichte der chinesischen Volksrepublik 1949–1977. Stuttgart: Klett-Cotta 1978

Horvath, S.: Weighted Network Analysis. Application in Genomics and System Biology. New York: Springer 2011

Huddleston, J. und E. E. Eichler: An incomplete understanding of human genetic variation. Genetics 202 (2016) 1251–1254

Hurst, C. C.: A genetical formula for the inheritance of intelligence in man. Proceedings of the Royal Society of London B 132 (1932) 80–97

Johannsen, W.: Elemente der exakten Erblichkeitslehre. Jena: Fischer 1909

Keeney, J. G., Dumas, L. und J. M. Sikela: The case for DUF1220 domain dosage as a primary contributor to anthropoid brain expansion. Frontiers in Human Neuroscience (2014) doi.org/10.3389/fnhum.2014.00427

Kermani, N.: Zwischen Koran und Kafka. West-östliche Erkundungen. München: Beck 2014

Koonin, E. V.: The Logic of Chance: The Nature and Origin of Biological Evolution. Upper Saddle River: Pearson Education 2011

Kuehn, R.: Welche Vorhersage des Schulerfolgs ermöglichen Intelligenztests? Eine Analyse gebräuchlicher Verfahren. Tests und Trends, 6. Jahrbuch der pädagogischen Diagnostik (1987) 26–64

List, F.: Das nationale System der politischen Ökonomie. Stuttgart: Cotta 1841

Löbner, H.: Die Neuaufnahme von Oberschülern. Die neue Schule 6 (1951) 178–179

Martin, T. C. und F. Juarez: The impacts of women's education on fertility in Latin America. Family Planning Perspectives 21 (1995) 52–57

McGuffin, P. und P. Huckle: Simulation of mendelism revisited: the recessive gene for attenting medical school. American Journal of Human Genetics 46 (1990) 994–999

Meinhold, W.: Grundzüge der allgemeinen Volkswirtschaftslehre. 2. Auflage. München: Hueber 1961 (1. Auflage 1954; 4. Auflage 1972)

Menzel, U.: Die Idealtypen von Imperium und Hegemonie. In: Gehler, M. und R. Rollinger (Hrsg.): Imperiale Reiche in der Weltgeschichte. Epochenübergreifende und globalhistorische Vergleiche. Wiesbaden: Harrasowitz 2013, 1645–1671

Mohr, H.: Der prinzipielle Konflikt zwischen Biologie und Marxismus. In: Szczesny, G. (Hrsg.): Marxismus, ernstgenommen: ein Universalsystem auf dem Prüfstand des Wissens. Reinbek bei Hamburg: Rowohlt 1975, 30–50

Müller, K. V.: Gesetzmäßigkeit bei Wandlungen am sozialanthropologischem Gefüge von rassisch nahestehenden Nachbarvölkern durch Umvolkungsvorgänge. Archiv für Rassen- und Gesellschaftsbiologie 31 (1937) 326–347

Nelson, R. M., Pettersson, M. E. und Ö. Carlborg: A century after Fisher: time for a new paradigm in quantitative genetics. Trends in Genetics 29 (2013) 668–676

O'Bleness, M., Searles, V. B., Dickens, C. M., Astling, D., Albracht, D., Mak, A. C. Y., Laj, Y. Y. Y., Lin, C., Chu, C., Graves, T., Kwok, P.-Y., Wilson, R. K. und J. M. Sikela: Finished sequence and assembly of the DUF1220-rich 1q21 region using a haploid genome. BMC Genomics 15 (2014) 387 DOI: 10.1186/1471-2164-15-387

Ostrer, H. und K. Skorecki: The population genetics of the Jewish people. Human Genetics 132 (2013) 113–127

Ostwald, W.: Große Männer. Leipzig: Akademische Verlagsgesellschaft 1909 (= Studien zur Biologie des Geistes 1)

Popper, K. R.: Prognose und Prophetie in den Sozialwissenschaften. In: Topitsch, E. (Hrsg.): Logik der Sozialwissenschaften. 10. Auflage. Königstein/Taunus: Athenäum 1980, 113–125

Rapoport, D. L.: Klein bottle logophysics, self-reference heterarchies, genomic topologies, harmonics and evolution. III: The klein bottle logic of genomics and its dynamics, quantum information, complexity and palindromic repeats in evolution. Quantum Biosystems 7 (2016) 107–174

Riehl, W.: Die bürgerliche Gesellschaft. Stuttgart: Cotta 1851

Rindermann, H.: Ingenieure auf Realschulniveau. Focus Nr. 23 (17. Oktover 2015) 42–44

Rindermann, H. und J. Thompson: The cognitive competences of immigrant and native students across the world: An analysis of gaps, possible causes and impact. Journal of Biosocial Science 48 (2016) 66–93

Rost, D. H.: Handbuch Intelligenz. Weinheim: Beltz 2013a

Rost, D. H.: Interpretation und Bewertung pädagogisch-psychologischer Studien. Eine Einführung. 3. Auflage. Bad Heilbrunn: Klinkhardt 2013b

Sänger-Bredt, I.: Die geopferte Intelligenz. Warnung einer Biologin. Düsseldorf. Econ 1981

Sarrazin, T.: Der neue Tugendterror. Über die Grenzen der Meinungsfreiheit in Deutschland. München: Deutsche Verlags-Anstalt 2014

Schmidt, M: Lasst sie nicht fallen! Fast jeder dritte Studierende bricht sein Studium ab. Die Zeit Nr. 53 (23. Dezember 2014) 67

Schreier, G.: Förderung und Auslese im Einheitsschulsystem. Debatten und Weichenstellungen in der SBZ/DDR 1946 bis 1989. Köln: Böhlau 1996

Seelmann-Eggebert, R.: Das Kap der Stürme. Südafrikas Weg in die Krise. Stuttgart: Klett-Cotta 1978

Sieferle, R. P.: Deutschland, Schlaraffenland. Auf dem Weg in die multitribale Gesellschaft. Tumult Nr. 4 (2015), 23–28

Sikela, J. M.: The jewels of our genome: the search for the genomic changes underlying the evolutionarily unique capacities of the human brain. PLoS Genetics 2 (2006) doi.org/10.1371/journal.pgen.0020080

Silberman, S.: Geniale Störung. Die geheime Geschichte des Autismus und warum wir Menschen brauchen, die anders denken. Köln: DuMont 2016

Sorokin, P. A.: Kulturkrise und Gesellschaftsphilosophie. Moderne Theorien über das Werden und Vergehen von Kulturen und das Wesen ihrer Krisen. Stuttgart: Humboldt 1953

Studitski, A. N.: Die mendelistisch-morganistische Genetik im Dienste des amerikanischen Rassismus. In: Mitin, M. B., Nushdin, N. I. Oparin, A. I., Sissakjan, N. M. und W. N. Stoletow (Red.): Gegen den reaktionären Mendelismus-Morganismus. Ein Sammelband. Berlin: Deutscher Verlag der Wissenschaften 1953, 399–428

Toury, J.: Die politischen Orientierungen der Juden in Deutschland: Von Jena bis Weimar. Tübingen: Mohr 1966

Turner, G. M.: Is global collapse imminent? An updated comparison of the *The Limits to Growth* with historical data. The University of Melbourne: MSSI Research Paper 4 (2014)

Volkert, E.: Die Lage der preußischen Forstbeamten im Rahmen der biologischen Gesamtlage im deutschen Reich. Hannover: Schaper 1940 (= Studien zur Volkskörperforschung 3)

Weiss, V.: Wissenschaft in aufsteigenden und in absteigenden Kulturen. Erwägen – Wissen – Ethik 17 (2006) 308–310

Weiss, V.: Die Intelligenz und ihre Feinde: Aufstieg und Niedergang der Industriegesellschaft. Graz: Ares 2012

Weiss, V.: Vorgeschichte und Folgen des arischen Ahnenpasses: Zur Geschichte der Genealogie im 20. Jahrhundert. Neustadt an der Orla: Arnshaugk 2013a

Weiss, V.: So ein Zufall: Ich lebe! Das Lindenblatt 3 (2013b) 347–353

Weiss, V.: Artam: One Reich, One Race, a Tenth Leader. Los Gatos: Smashwords 2014a

Weiss, V.: Rezension von: Clark, G.: The Sun also rises. Surnames and the History of Social Mobility. Princeton University Press 2014. In Herold-Jahrbuch N. F. 19 (2014b) 274–277

Weiss, V.: Die rote Pest aus grüner Sicht: Springkräuter – von Imkern geschätzt, von Naturschützern bekämpft. Graz: Stocker 2015

Weiss, V.: Rede, S. 200–201; Interview, S. 234–237. In: Beier, A. und U. Schwabel (Hrsg.): „Wir haben nur die Straße" – Die Reden auf den Leipziger Montagsdemonstrationen 1989/90. Eine Dokumentation. Halle/Saale: Mitteldeutscher Verlag 2016

Weiss, V.: Keine Willkommenskultur für Douglasien im deutschen Walde? Neustadt an der Orla: Arnshaugk 2017

Winkelmann, T.: Länderporträt: Südafrika. Jahrbuch Extremismus und Demokratie 22 (2010) 204–237

Wößmann, L.: Bildungsstand der Flüchtlinge niedriger als vermutet. Die Zeit (19. November 2015)

Wu, E.: Feder im Sturm. Meine Kindheit in China. Hamburg: Hoffmann und Campe 2007

Woodley, M. A. und A. J. Figueredo: Historical Variability in Heritable General Intelligence: Its Evolutionary Origins and Socio-Cultural Consequences, Buckingham: University of Buckingham Press 2013

Ye, T.: Bitterer Wind. Eine junge Chinesin kämpft um ihre Würde und Freiheit. München: Econ 1998

Zilsel, E.: Physics and the problem of historico-sociological laws. Philosophy of Science 8 (1941) 567–579

Zimmer. F. und S. H. Montgomery: Phylogenetic analysis support a link between DUF1220 domain number and primate brain expansion. Genome Biology and Evolution 7 (2015) 2083–2088

PERSONEN- UND SACHREGISTER

Kursiv die zitierten Erstautoren

Der drohende Kreislauf

		1760–1880 frühbürgerliche Leistungsgesellschaft		1880–1960 reife bürgerliche
		Frühphase	nach 1800	vor 1914/17
(1)	Energie	Holz, Segel, Mühlräder; Steinkohle in England	Mühlräder	Steinkohle
(2)	Transport	Wasser, Fuhrwerke		Eisenbahn
(3)	Information	Kuriere, Intelligenzblätter	Zeitungen	Telefon
(4)	Bevölkerung der alten Industriestaaten	langsam wachsend	sehr rasch wachsend	
(5)	Bevölkerung der Entwicklungsländer	gleichbleibend		langsam wachsend
(6)	Verhältnis der Geburtenzahl Oberschicht zu Unterschicht in den Industrieländern	eugenisch	Umschlag zu dysgenisch	
(7a)	Stadtzentren sehr großer Städte der Industriestaaten			Blütezeit
(7b)	mittlerer IQ der Stadtzentren	Spitzenwerte	deutlich über dem Landesdurchschnitt	
(8a)	Einwohnerzahl stadtnaher Dörfer in den Industriestaaten		sehr starke Zunahme	Eingemeindung
(8b)	Einwohnerzahl stadtferner Dörfer	wachsend	stagnierend	massive Abwanderung
(9)	Wanderungen	zum Zentrum	zum Zentrum und Auswanderung	
(10)	Politische Verfassung der Industriestaaten	Monarchie	konstitutionelle Monarchie	
(11)	Elite	Adel	Adel	Bürgertum
(12)	Wahlrecht	Ständeversammlung	Klassenwahlrecht	allgemeines und gleiches Stimmrecht
(13)	Schulsystem	keines oder sehr einfaches	Schulpflicht und gegliedertes Schulsystem	
(14)	Leistungsmessung	keine	Schulzensuren	IQ-Tests
(15)	Ideologie des Zeitgeistes	hierarchisch	hierarchisch, Leistungsgesellschaft	
(16)	Weltgeschichtliche Ereignisse	Französische Revolution 1789	Hungersnot in Irland 1845, Revolutionsjahr 1848	Revolution in Rußland 191]
(17)	Kolonialsystem	Sklaverei	Abolition	globale Ausweitung
(18)	Mittlerer Welt-IQ		steigend	
(19)	Stellung der Frau	traditionell	Frauenarbeit, Frauenwahlrecht	
(20)	Religion			Niedergang der Staatskirch]
(21)	Beschäftigtenanteil der Landwirtschaft		stark fallend	
(22)	Zugmittel in europäischer Landwirtschaft		Pferde	
(23)	Düngemittel	traditionell		Guano und anorganische Dünger
(24)	Sexualität	steigender Anteil unehelicher Kinder		Anstieg der Ehescheidung
(25)	Lebenserwartung	hohe Kindersterblichkeit	stark sinkende Kindersterblichkeit, Ende der großen Seuchen	
(26)	Besteuerung			beginnend progressiv
(27)	Sozialausgaben	Armenkassen, Armengesetze	Heimatrecht	Rente, Sozialversicherun]
(28)	Juden	traditionell	Emanzipation und sehr hoher Geburtenüberschuß	Wanderung in die Zentren Geburtenrückgang
(29)	Kriegführung	Söldnerheer		Wehrpflicht, Massenhee]
(30)	Kernenergie			

	bürgerliche Leistungsgesellschaft bis 1960	spätbürgerliche Leistungsgesellschaft nach 1960	Chaos und Umbruch nach 2035	Literaturhinweise in Weiss 2012, 475
1)	Kohle, Erdöl zentrales Elektroenergienetz	Erdöl, Erdgas	sehr starke Verteuerung der Energie; Zusammenbruch des zentralen Elektroenergienetzes	Jevons 1865; Hubbert 1981; Youngquist 1997; Deffeyes 2001; Duncan 2005; Sieferle 2006
2)	Auto		wieder Pferde?	Grübler 1990
3)	Radio	Fernsehen, Internet	nur noch lokal?	Nefiodow 1996
4)	langsam wachsend		starker Rückgang	Schmid et al. 2000; Abernethy 2004a
5)	rasch wachsend	weiteres starkes Wachstum bei sinkenden Geburtenzahlen	das Große Chaos	Hardin 1965; Rogers 1992; Itzkoff 2005
6)	dysgenisch	stark dysgenisch	Überlebenskampf	Galor und Moav 2006; Clark 2007b
7a)	Niedergang	Ausländer ziehen ein; begrenzte Gentrifizierung	Bürgerkriegsszenario	Powell 1968; Friedrichs 1993; Darymple 2001
b)	Durchschnitt	unter dem Landesdurchschnitt		Massey und Denton 1993; Sarrazin 2010
a)	Niedergang	Slumbildung	Bürgerkriegsszenario	Spengler 1923; Kaplan 2000
b)	meist Abnahme, mancherorts Suburbanisierung		Verfall, aber auch Fluchtziel	Weiss 1993b
)	zentrumsgerichtet	Einwanderung von Ausländern	Fluchtbewegungen	Coleman 2003
0)	Demokratie	Parteienoligarchien	lokale Diktaturen	Roscher 1892; Leisner 1979; Cook 2000
1)	Bürgertum	Bürger ohne Willen zur Selbstbehauptung	lokale Netze der ums Überleben Kämpfenden	Mallock 1898; Dreitzel 1962; Weiss 2011b
2)	sinkende Wahlbeteiligung		Ausrufung von Machthabern	Boix 2003; Anderson 2009
3)	gegliedert	Gesamtschulen	Auflösung	Sprenger 2001, Bönsch 2006
4)	IQ-Tests	keine IQ-Tests mehr, Bildungsstudien (PISA)	Lebensbewährung	Groffmann 1964; Süllwold 1977; Ingenkamp 1981
5)	Leistungsgesellschaft	Umverteilungsgesellschaft	lokale Extreme	Noelle-Neumann 1998
6)	1933, Revolution in China 1948	1968, 1989, Rote Khmer	Zusammenbruch des Welthandels	Osterhammel 2009
7)	Unabhängigkeitserklärungen	Zerfall der Niedrig-IQ-Länder		Pearson 1893; Homer-Dixon 2000
8)	fallend		ein Minimum wird erreicht	Lynn und Harvey 2008
)	Frauenarbeit, Frauenstudium	studierte Frauen haben kaum noch Kinder	Religionen zwingen Frauen wieder in traditionelle Rollen?	Sarreshtehdari 2004
)	Säkularisierung		kämpferische Glaubensbekenntnisse	MacDonald 1994; Gourévitch 2000; Blume et al. 2006
)	weiter fallend		Wiederanstieg auf hohe Werte	Weiss 1993b
)	Traktoren		Pferde	Kunstler 2008
)	Kunstdünger	Kunstdünger auf Erdgasbasis	Naturstoffe und anorganische Dünger	Gründinger 2006
)	starker Rückgan der Geburtenzahlen	Homosexuellenehe, Pille	Religionen erzwingen neue Zurückhaltung	Unwin 1934; Kingsley 1984; Starke 2007
)	steigende Lebenserwartung der Erwachsenen	Maximum, in einigen Ländern aber bereits wieder sinkend	starkes Absinken	Todd 1977
)	progressiv und steigend		Steuerverweigerung	Franke 1981; Lieb 1992
)	sich steigernde Umverteilung durch den Sozialstaat		Zusammenbruch der staatlichen Umverteilung	Calhoun 1957; Achinger 1958; Bühl 1984; Eichenhofer 2007
)	Holocaust; Gründung des Staates Israel	Mischehen in der Diaspora; gesellschaftliche Spaltung in Israel	neue Diaspora oder kriegerische Selbstbehauptung des Staates Israel?	Ruppin 1930; Lestschinsky 1936; Kanaaneh 2002; Lindenau 2007
)	2. Weltkrieg und Wettrüsten	wirtschaftlicher Ruin der USA als Weltpolizist	asymmetrisch, Berufskiller gegen Untergrundkämpfer	Sorokin 1937; Goldstein 1988
)	Atombomben	Kernkraftwerke	regionale Verseuchung	Gruhl 1975

Aus unserem Programm

ISBN 978-3-902732-01-9

ISBN 978-3-902732-38-5

ISBN 978-3-902475-08-4

ISBN 978-3-902732-21-7

ARES VERLAG